FORSCHUNGSBERICHTE
DES WIRTSCHAFTS- UND VERKEHRSMINISTERIUMS
NORDRHEIN-WESTFALEN

Herausgegeben von Ministerialdirektor Dipl.-Ing. L. Brandt

Nr. 29

Technisch-Wissenschaftliches Büro für die Bastfaserindustrie, Bielefeld

Die Ausnützung der Leinengarne in Geweben

Als Manuskript gedruckt

SPRINGER FACHMEDIEN WIESBADEN GMBH 1953

ISBN 978-3-663-03409-4   ISBN 978-3-663-04598-4 (eBook)
DOI 10.1007/978-3-663-04598-4

Forschungsberichte des Wirtschafts- und Verkehrsministeriums Nordrhein-Westfalen

Gliederung

I. Einleitung, Aufgabenstellung
   Vorkritik der Ergebnisse . . . . S. 5

II. Versuchsplanung und -durchführung . . . . . . S. 7

III. Versuchsergebnisse
   A. Grundsätzliche Abhängigkeiten . . . . S. 9
   B. Beschreibung der Untersuchungsergebnisse
      a) Ausnützung der Kettgarne . . . . S. 13
      b) Ausnützung der Schußgarne . . . . S. 62
      c) Vergleich der Garnausnützung
         in Kette und Schuß . . . . S. 85

IV. Zusammenfassung . . . . S. 92

Forschungsberichte des Wirtschafts- und Verkehrsministeriums Nordrhein-Westfalen

I. Einleitung Aufgabenstellung
Vorkritik der Ergebnisse

Das Problem der Ausnutzung von Garneigenschaften, vornehmlich der Garnfestigkeit in Geweben ist nicht allein von Bedeutung bei solchen Waren, die - wie etwa technische Gewebe - festgelegte und reproduzierbare Daten aufweisen müssen. Es ist auch ganz allgemein von höchstem technologischen Interesse, die hierfür vorhandenen Gesetze und Möglichkeiten zu kennen und zu beherrschen. Zahlreiche Forscher[1] haben sich mit diesem Problem befaßt, doch sind die Verhältnisse für Leinengarne dabei nur am Rande behandelt worden. Wohl sind vereinzelt Zahlenangaben über die prozentuale Ausnützung der vor dem Weben vorhandenen Garnfestigkeit in Leinengeweben unter diesen oder jenen Verhältnissen zu finden, doch treffen sie bestenfalls mehr oder weniger richtig einen bestimmten, genau anzugebenden Einzelfall ohne Kennzeichnung der Zusammenhänge. Diese allein befähigt, bei Vorhandensein verläßlicher Einzelwerte der Ausnützung einigermaßen sicher auch auf solche für abweichende Garnqualität, -nummer, Gewebedichte, -bindung etc. zu schließen, somit den grundsätzlichen Fehler zu vermeiden, einem einzelnen Wert Allgemeingültigkeit zuzumessen. Eine befriedigende Beantwortung der Frage nach dem Zusammenhang zwischen Garnqualität und Gewebefestigkeit und damit Ausnutzung der Garneigenschaften wurde unseres Wissens nicht gegeben, wenngleich in den angegebenen Literaturstellen der Einfluß verschiedener anderer Faktoren vielfach eingehend behandelt wird.

Die zur Klärung der für die Garnausnutzung in Geweben vorhandenen Gesetze und die zur Festlegung von Zahlenwerten für in Frage kommende praktische Verhältnisse durchzuführenden Untersuchungen sind ihrer Natur nach umständlich und langwierig. Es handelt sich in jedem Untersuchungsfall, wie aus den weiteren Ausführungen ersichtlich sein wird, um eine vollständige Versuchsreihe, bei der aus mehreren Garnen gleicher Art und Nummer, jedoch

---

[1] KJELLSTRAND, St.: Die spezifische Festigkeit von Geweben und ihre praktische Bedeutung. Leipz. Monatsschr. f. Textilind. 1935, S. 254-257, 278-280. - BRUGGENCATE, J.A.: Zusammenhänge zwischen Garn- und Gewebefestigkeiten. Melliand Textilber. 1938, S. 41-47. - HANUS, L.: Reißfestigkeit von Geweben und deren Ermittlung unter Zugrundelegung der Reißfestigkeit der verwendeten Garne. Melliand Textilber. 1943, S. 389-391. - SATLOW, G. und GRIESE, H.: Über die Ursachen der Unterschiede zwischen Gewebe- und Garnfestigkeit. Textil-Praxis 1949, S. 274-276.

abgestuft unterschiedlicher Qualität (Festigkeit) unter Beachtung möglichst konstanter Arbeitsverhältnisse Gewebe angefertigt und diese in verschiedenen Stadien (stuhlroh, gebleicht etc.) genau geprüft werden müssen, wobei nicht nur die Eigenschaften der Gewebe selbst, sondern auch der aus ihnen herauszupräparierenden Fäden festzustellen sind. Weitere Voraussetzung ist selbstverständlich die exakte Prüfung der Rohgarneigenschaften vor der Verarbeitung. Wird diese nach einer Vorbleiche der Garne vorgenommen, so ist auch die Untersuchung der gebleichten Garne von Interesse.

Das Techn.-Wissenschaftl. Büro für die Bastfaserindustrie hat in eingehenden Arbeiten die Ausnützung von Leinengarnen (Flachsgarnen) in Geweben unterschiedlicher Konstruktion sowohl dem oben angedeuteten Zusammenhang nach, als auch zur Feststellung praktisch verwendbarer Zahlen untersucht, wobei bisher nicht weniger als 57 Gewebe hierfür hergestellt und stuhlroh sowie vollgebleicht geprüft worden sind. Der vorliegende Bericht enthält die Zusammenfassung aller Ergebnisse dieser Untersuchungen, mit der Zielsetzung festzustellen:

a) Welcher Prozentsatz der Rohgarnfestigkeit (als des heute geltenden Qualitätsmerkmals für Leinengarne) bleibt in den Fäden der stuhlrohen und gebleichten Leinengewebe erhalten? Besteht eine Abhängigkeit zwischen Festigkeitsverlust und Garnqualität?

b) Welche Abhängigkeit besteht zwischen der Gewebefestigkeit und der Rohgarnfestigkeit? Wie verhält sich somit der Ausnutzungsgrad der letzteren?

c) Welche Abhängigkeit besteht zwischen der Gewebefestigkeit und der Fadenfestigkeit im Gewebe (im folgenden "Garnfestigkeit" genannt)? Wie verhält sich somit der Ausnutzungsgrad der letzteren?

d) Welcher Anteil der Gewebefestigkeit entfällt auf den Einfluß der Bindung und welcher auf die Garnfestigkeit? Wie verhält sich somit unter Berücksichtigung nur des letztgenannten Anteils die tatsächliche Ausnützung der Garnfestigkeit als Kennzeichen des webtechnologisch erzielbaren Effektes?

Dabei verstehen wir unter "<u>Ausnützung oder Ausnützungsgrad der Garnfestigkeit</u>" das <u>Verhältnis</u> zwischen der <u>Gewebefestigkeit</u> einerseits und der <u>Garnfestigkeit multipliziert mit der Zahl der Fäden</u> in dem Gewebereißstreifen andererseits:

$$f = \frac{F_{Gewebe}}{z \times F_{Garn}}$$

Sind die beiden erstgenannten Programmpunkte von unmittelbar praktischem Interesse, so ist die Kenntnis auch der beiden letzteren von grundsätzlicher Bedeutung für den Textiltechnologen.

Forschungsberichte des Wirtschafts- und Verkehrsministeriums Nordrhein-Westfalen

Es erscheint zweckmäßig, bereits jetzt der Schilderung und Zusammenstellung der Versuchsergebnisse eine gewissermaßen einschränkende Kritik voranzusetzen und eine Rechenschaft darüber zu geben, in welchem Maße die gefundenen Zahlen und ihre Beziehungen zueinander bereits als unverrückbare Größen angesehen werden können. Schon die Schilderung der Anzahl der in die Untersuchungen einbezogenen Versuche aus dem praktischen Betrieb (Herstellung von Geweben), bei denen für die einwandfreie Exaktheit der Ergebniswerte völlige und praktisch in diesem Maße nicht erreichbare Konstanz der Versuchsverhältnisse - außer des gerade variierten Faktors - vorausgesetzt werden müßte, läßt erkennen, daß von vornherein mit einer starken Streuung der Untersuchungsergebnisse zu rechnen war. In der Tat war eine solche vielfach zu verzeichnen, wie der aufmerksame Leser beim Studium dieses Berichtes feststellen wird. Es bedurfte in derartigen Fällen z.T. rigoroser Interpolationen in Richtung der aus der Mehrzahl der Versuche gewonnenen Erkenntnisse und Erfahrungen. War nach Art der Versuchsarbeit diese Weise der Auswertung auch unvermeidbar, so belastet sie natürlich doch die Verläßlichkeit der zahlenmäßigen Ergebnisse. Soweit diese im vorliegenden Bericht niedergelegt sind, erheben sie den Anspruch, für das Gebiet des Leinens __erstmalig__ aufgestellte Rahmenwerte zu sein, die für den heutigen Stand der Technik in Weberei und Bleiche Geltung haben. Wir sind uns bewußt, daß es noch umfassender Arbeiten bedarf, die aufgestellten Zahlen und Zusammenhänge nachzuprüfen, zu untermauern und der jeweiligen Entwicklung der Arbeitsverfahren anzupassen.

II. Versuchsplanung und -durchführung

Die in diesem Bericht geschilderten Arbeiten und Untersuchungen wurden nicht in einem Zuge durchgeführt. Sie erstreckten sich über lange Zeitperioden und gehören zu mehr als einer Arbeitsplanung. Es ist deshalb nicht möglich, an dieser Stelle einen exakten Abriß des Durchführungsplanes zu geben. Die entsprechenden Erläuterungen werden bei der Beschreibung und Auswertung der einzelnen Versuchsgruppen zu machen sein.

Allgemein ist zu sagen, daß der Plan die Feststellung der Festigkeitsausnutzung von Flachsgarnen, __roh__, und __halbgebleicht__ (1/2-weiß), unterschiedlicher __Nummer__ in __Kette__ und __Schuß__ von Geweben verschiedener __Dichte__ und __Bindung__ (Leinwand und Köper) umfaßte, wobei auch versucht wurde, den eventuellen

Forschungsberichte des Wirtschafts- und Verkehrsministeriums Nordrhein-Westfalen

Einfluß des Schlichtens der Kettfäden festzustellen. Die Untersuchungen wurden an stuhlroher und nachgebleichter (4/4-weiß) Ware durchgeführt. Jeder Versuch wurde mit 4 bzw. 5 Garnen von abgestuft unterschiedlicher Qualität (Festigkeit) vorgenommen, wobei diese Garne als Kett- oder Schußgarne Verwendung fanden, je nachdem es sich um Untersuchung der Verhältnisse in Kett- oder Schußrichtung der Gewebe handelte. Für die jeweils andere Fadenrichtung wurde ein unverändert gleiches Garn verwendet. Nur in wenigen Fällen handelt es sich um Einzelversuche mit nur einer Garnqualität.

Die Anfertigung der Gewebe erfolgte unter Aufsicht des TWB-Bastfaser in mehreren Webereien, denen an dieser Stelle Dank für die Unterstützung der Arbeiten abgestattet wird. Die angewandte Arbeitsweise ist wie folgt zu kennzeichnen:

    für Gewebe I - V:

        Spulen von Strähn auf Scheibenspulen, Schären auf Bandschärmaschinen, Schußspulen von Scheibenspulen auf Schlauchcopse, Weben auf mittelschwerem Unterschlagwebstuhl, 150 cm Warenbreite;

    für alle anderen Gewebe:

        wie bei Geweben I - V, jedoch 80 cm Warenbreite.

Die Prüfung der Garn- und Gewebefestigkeit erfolgte unter Einhaltung der Vorschriften DIN 53 801. Dementsprechend betrug die Einspannlänge auf den Reißapparaten für Garne und Fäden 500 mm, für Gewebestreifen 300 mm. Diese Feststellung ist wesentlich, denn sie besagt, daß die aus den Prüfwerten errechneten Zahlen für die Ausnutzung der Garnfestigkeit wohl der vorgeschriebenen Prüfungstechnik angepaßt, infolge der unterschiedlichen Einspannlängen jedoch fiktive sind. Wenn angenommen wird, daß eine Verkürzung der Einspannlänge für das Garn von 500 auf 300 mm eine Erhöhung der Reißwerte um ca. 6 - 7 % bewirkt, wie es etwa der Erfahrung entspricht, so sagt dies aus, daß alle im folgenden genannten Werte der Festigkeitsausnützung von Garnen in Geweben in Wirklichkeit noch entsprechend niedriger liegen.

Einer jeden in diesem Bericht genannten Garnreißfestigkeit liegen mindestens 60, in den meisten Fällen aber mindestens 120 Einzelreißungen zu Grunde; alle Gewebereißfestigkeiten sind aus mindestens 10, in Schußrichtung meist jedoch aus 15 Streifenreißungen gemittelt. Sofern geschlichtete Ketten Verwendung fanden, wurden die Probestücke vor der Festigkeitsprüfung entschlichtet, die gebleichten Gewebe vor den Reißungen 1 x gewaschen (Seife-Sodawäsche).

Forschungsberichte des Wirtschafts- und Verkehrsministeriums Nordrhein-Westfalen

III. Versuchsergebnisse

A) Grundsätzliche Abhängigkeiten

Die Auswertung der Untersuchungsergebnisse läßt folgende grundsätzliche Beantwortung der in Abschnitt I aufgestellten Fragen nach den vorhandenen Abhängigkeiten zu. Die graphischen Darstellungen in Abb. 1 dienen der Erläuterung.

a) Der Vergleich zwischen den Eigenschaften der rohen und vorgebleichten Garne und der Fäden in stuhlrohen bzw. nachgebleichten Geweben ergibt die durch Garnbleiche, Weberei und Nachbleiche auftretenden Garnfestigkeitsverluste. Es erweist sich, daß die relative Höhe dieser Verluste wohl - wie z.B. angesichts unterschiedlicher Mischungen bei der Bleiche nicht anders zu erwarten - Schwankungen unterworfen ist, grundsätzlich aber eine Abhängigkeit von der Qualität der Garne nicht gegeben ist. Der prozentuale Festigkeitsverlust der Garne durch Bleiche und Verarbeitung als Funktion der Ausgangsfestigkeit kann als konstant angesehen werden.

b) Die Abhängigkeit zwischen der Festigkeit stuhlroher und gebleichter Gewebe und der Rohgarnfestigkeit ist in dem meßbaren Gebiet, d.h. in genügendem Abstand von der Garnfestigkeit 0 eine lineare und kann durch die einfache Gleichung $y = a + bx$ zum Ausdruck gebracht werden, wobei y die Gewebefestigkeit, x die Rohgarnfestigkeit multipliziert mit der Fadenzahl bedeuten, während a und b für eine Versuchsreihe mit gleichbleibenden Faktoren konstante Größen sind. Graphisch ist die Funktion durch eine geneigte Gerade darzustellen (Abb. 1, Fig. 1), deren Verlängerung die y-Achse (senkrechte Achse) in dem Abstand a von der x-Achse (waagerechte Achse) schneidet[1], während die Größe b die Neigung der Geraden bestimmt. Zusammengefaßt also nimmt die Festigkeit der

---

[1] Diese Vorstellung ist naturgemäß nur fiktiv. Sebstverständlich gehört zu der Garnfestigkeit 0 (x = 0) auch ein Wert der Gewebefestigkeit 0 (y = 0), d.h., die Linie der Gewebefestigkeit über der Rohgarnfestigkeit, die wir in genügend weitem Abstand von 0 als Gerade erkannten, mündet schließlich, von diesem Verlauf abweichend, im Nullpunkt des Koordinatensystems. Dieser Teilabschnitt der Abhängigkeitslinie kann aber außer Betracht bleiben, da sich die Untersuchung auf die für eine Verarbeitung ausreichenden Werte der Rohgarnfestigkeit beschränken soll.

Forschungsberichte des Wirtschafts- und Verkehrsministeriums Nordrhein-Westfalen

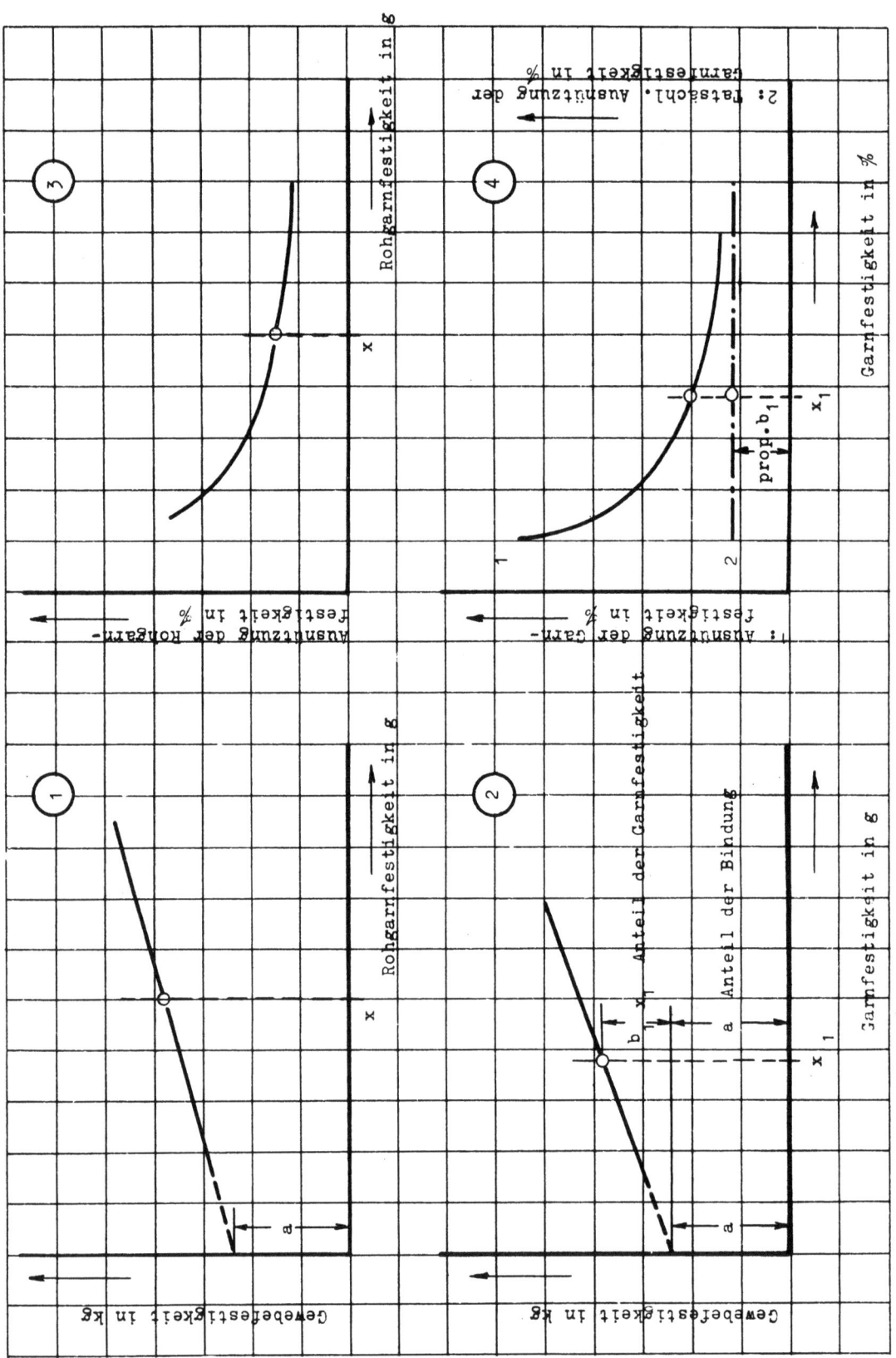

A b b i l d u n g 1

Ausnützung der Garnfestigkeit im Gewebe

Gewebe mit steigender Rohgarnfestigkeit linear (gerade Abhängigkeit) zu in einem Maße (Höhe und Neigung der Geraden), das jeweils von bestimmten Größen (a und b) abhängig ist, deren Bedeutung wir noch kennenlernen werden.

Die Ausnutzung der Rohgarnfestigkeit ergibt sich als eine hyperbolische Funktion der letzteren, d.h., die Ausnutzung ist bei Garnen geringerer Ausgangsfestigkeit deutlich höher als bei solchen höherer Qualität. Fig. 3 zeigt das graphische Bild. Die mathematische Erklärung ist sehr einfach, braucht aber nicht gegeben zu werden, da der hyperbolische Verlauf der Ausnutzungslinie über der Rohgarnfestigkeit rein überlegungsmäßig einleuchtet. Wir sahen, daß die Festigkeit des Gewebes sich jeweils aus einem konstanten Anteil a und einem garnabhängigen Anteil bx zusammensetzt. Der erstere macht sich bei abnehmender Garnfestigkeit immer stärker geltend und bewirkt steigende Ausnutzungswerte. Würde doch bei der Rohgarnfestigkeit 0 ($x = 0$) - natürlich nur theoretisch - immer noch eine Gewebefestigkeit a ($y = a + b \cdot 0$; $y = a$) vorhanden bleiben und sich eine Ausnutzung a : 0 =∞ (unendlich) ergeben. Der Mathematiker sagt, die Linie der Ausnutzung über der Rohgarnfestigkeit nähert sich asymptotisch der y-Achse, d.h., sie trifft diese erst im unendlich fernen Abstand von der x-Achse.

c) Die Fadenfestigkeit in den Geweben (x_1; im folgenden einfach "Garnfestigkeit" genannt) unterscheidet sich von der Rohgarnfestigkeit (x) durch die Höhe des von uns als prozentual konstant, d.h. von der Garnausgangsfestigkeit unabhängig erkannten Verlustes. Die Garnfestigkeit ist also der Rohgarnfestigkeit proportional: $x_1 = c \cdot x$, wobei c stets kleiner als 1 ist. Damit ist die Frage nach der Abhängigkeit der Gewebefestigkeit und des Ausnutzungsfaktors von der Garnfestigkeit im Gewebe angesichts der Ausführungen unter b) bereits beantwortet (s. auch Fig. 2 und Fig. 4, Linie 1). Es handelt sich um Funktionen der gleichen Art wie bei der Rohgarnfestigkeit. Die Festigkeit der Gewebe nimmt linear mit der Garnfestigkeit im Gewebe zu. Mathematisch lautet die Abhängigkeit analog $y = a + b_1 x_1$. Der von der gedachten Verlängerung der Gewebefestigkeitsgeraden auf der y-Achse geschnittene Abstand a von der x-Achse ist der gleiche geblieben wie in Fig. 1, die Neigung der Geraden (bestimmt durch b_1) hat sich verändert. Die Ausnutzung der Garnfestigkeit im Gewebe verläuft wiederum hyperbolisch, d.h., sie ist höher bei Garnen niedriger Qualität. Die Werte der Ausnutzung, jetzt bezogen auf die im Gewebe erhalten gebliebene Garnfestigkeit, sind naturgemäß höher als die Ausnutzungswerte der ursprünglichen Rohgarnfestigkeit in Fig. 2.

d) Über die Anteile der Bindung und der Garnfestigkeit an der Festigkeit der Gewebe gibt die Gleichung und das graphische Bild des Gewebefestigkeitsverlaufs in Abhängigkeit von der Garnfestigkeit Auskunft. Jener bereits erwähnte konstante Anteil a, gekennzeichnet durch den gedachten Abschnitt auf der Ordinatenachse, kann als der für alle Garnfestigkeiten im absoluten Wert gleichbleibende Anteil der Gewebebindung angesehen werden (Fig. 3). Prozentual gesehen nimmt er mit zunehmender Garn- und damit Gewebefestigkeit stetig ab bzw. bei sich verringernder Garn- und Gewebefestigkeit zu.

Der Anteil der Garnfestigkeit an der Gewebefestigkeit repräsentiert sich in dem Gleichungsteil $b_1 \cdot x_1$, der wertmäßig und prozentual mit der erstgenannten ansteigt.

Die für den Technologen interessante tatsächliche Ausnutzung der im Gewebe enthaltenen Garnfestigkeit - also allein unter Berücksichtigung der letztbehandelten Komponente der Gewebefestigkeit ($b_1 x_1$), die der noch vorhandenen Festigkeit des Garns zu verdanken ist - ergibt sich einleuchtend als eine, in ihrer - wie noch zu zeigen sein wird - bescheidenen Höhe von der Neigung der Festigkeitsgeraden in Fig. 3 (b_1) abhängige, von der Garnfestigkeit selbst nicht beeinflußte Größe, wie sie in Fig. 4, Linie 2, als eine parallel zur x-Achse der Garnfestigkeit verlaufende Gerade darzustellen ist.

Zusammengefaßt: Der Anteil der Bindung an der Garnfestigkeit ist dem Wert nach konstant, prozentual abnehmend mit der Garnfestigkeit. Er ist bestimmt durch den gedachten Abschnitt der Gewebefestigkeitsgeraden auf der Ordinatenachse. Der Anteil der Garnfestigkeit ist dem Wert nach und auch prozentual zunehmend mit der Garnfestigkeit. Die tatsächliche Ausnutzung der im Gewebe vorhandenen Garnfestigkeit ist eine unabhängig von der Garnfestigkeit konstante, in ihrer Höhe durch die Neigung der Festigkeitsgeraden bestimmte Größe.

Forschungsberichte des Wirtschafts- und Verkehrsministeriums Nordrhein-Westfalen

B. Beschreibung der Untersuchungsergebnisse

a) Ausnützung der Kettgarne

Im folgenden wird zunächst die Ausnützung der Kettgarne beschrieben, wobei die Ergebnisse der Festigkeitsuntersuchungen in Kettrichtung der Gewebe zur Auswertung kommen, und zwar innerhalb jener Versuchsreihen, bei denen verschiedene Kettgarne und nur unverändert ein Schußgarn zur Verwendung kamen. Es sind dies die in diesem Abschnitt zu besprechenden Reihen 1 - 5. Vorgreifend sei gesagt, daß in jedem Einzelfall auch in Schußrichtung der Gewebe Festigkeitsuntersuchungen durchgeführt und ausgewertet wurden. In den Tabellen, die der Erläuterung der Kettgarnausnützung dienen, findet sich jeweils für eine Versuchsreihe auch eine Spalte, die das Schußgarn bzw. die Schußrichtung betrifft. Die darin enthaltenen Werte sind Mittelwerte aus allen dazugehörigen Versuchen mit verschiedenen Kettgarnen. Ihre Besprechung wird erst in einem späteren Abschnitt (Bc) dieses Berichtes erfolgen.

1. **Garn: Nm 15 = Ne_L 25, roh; Gewebe: Leinwand, 20/19 Fd/cm[1], stuhlroh und 4/4-weiß (Vers. I - V).**

    Zu diesen Versuchen gehören die Tabellen $I_1 - I_3$ und die Abbildungen 2 und 3. Da sich Tabellen und graphische Darstellungen in kaum veränderter Form bei allen zu beschreibenden Versuchsgruppen wiederholen, mag ihre kurze Erläuterung vorangestellt werden, die sinngemäß auch für die folgenden Berichtsabschnitte gilt.

    Tab. I_1 enthält für die 5 Kettgarne A - E abgestufter Qualität und das für alle Gewebe gleich verwendete Schußgarn HS die Rohgarnfestigkeiten und die Festigkeiten der aus den stuhlrohen und den nachgebleichten Geweben herauspräparierten Fäden. Die sich daraus ergebenden Festigkeitsverluste der Garne nach dem Weben (stuhlrohe Gewebe) sowie nach dem Weben und Bleichen (nachgebleichte Gewebe) sind in Prozent der Rohgarnfestigkeit eingetragen. Abb. 2, unteres Bild, zeigt

---

[1] Die Dichte bezieht sich hier und bei allen späteren Kapitelüberschriften auf den stuhlrohen Zustand der Gewebe. Nach der Bleiche ergab sich in Kettrichtung stets eine höhere, in Schußrichtung eine geringere Fadenzahl je cm.

Forschungsberichte des Wirtschafts- und Verkehrsministeriums Nordrhein-Westfalen

Tabelle I_1

Gewebe Nr.	I	II	III	IV	V	I-V
Garnbezeichnung	Kt.A	Kt.B	Kt.C	Kt.D	Kt.E	Sch.HS
Rohgarnfestigkeit g	1866	1563	1434	1257	1115	1258
Garnfestigkeit nach dem Weben g	1255	1172	1071	950	937	
Festigkeitsverlust nach dem Weben %	32,8	25,0	25,3	24,5	16,0	
Garnfestigkeit n. d. Gewebebleiche g	851	674	634	545	511	601
Festigkeitsverlust n.d. Gewebebleiche %	54,5	56,9	55,7	56,7	54,1	52,2

graphisch den Festigkeitsverlust der Kettgarne, aufgetragen über der Rohgarnfestigkeit[1].

Tab. I_2 gibt für die stuhlrohen und für die nachgebleichten Gewebe die Gewebefestigkeiten und die Anzahl der Fäden in den gerissenen 5 cm breiten Gewebestreifen wieder. Erneut genannt ist die Rohgarnfestigkeit. Aus den Werten dieser Spalten errechnet sich die weiterhin in der Tabelle enthaltene Ausnützung der Rohgarnfestigkeit, ausgedrückt in Prozenten der letztgenannten.

Abb. 2 enthält die graphischen Darstellungen der Gewebefestigkeit und der Rohgarnausnützung, beide in Kettrichtung für die stuhlrohen und die nachgebleichten Gewebe, aufgetragen über der zugehörigen Rohgarnfestigkeit.

In Tab. I_2 sind ferner die schon in Tab. I_1 genannten erhalten gebliebenen Fadenfestigkeiten in den Geweben und deren Ausnutzung unter Berücksichtigung der in den Reißstreifen vorhandenen Fadenzahlen aufgeführt.

---

[1] In späteren Fällen, in denen die Garne im vorgebleichten Zustand zur Verwebung kamen, enthalten die analogen Tabellen neben der Rohgarnfestigkeit je 3 Spalten der Garnfestigkeit und des Festigkeitsverlustes, nämlich nach der Garnbleiche, nach dem Weben und nach der Gewebebleiche.

Tabelle I$_2$

Gewebe Nr.		I	II	III	IV	V	I - V
Garnbezeichnung		Kt.A	Kt.B	Kt.C	Kt.D	Kt.E	Sch.HS
Gewebefestigkeit stuhlroh	kg	126,1	115,4	108,1	102,1	104,5	116,5
Fadenzahl je Streifen		98,5	99,5	98,0	99,5	98,5	94,5
Rohgarnfestigkeit	g	1866	1563	1434	1257	1115	1258
Ausnützung d. Rohgarnfestigkeit	%	68,6	74,3	77,0	81,6	95,0	98,0
Garnfestigkeit nach dem Weben	g	1255	1172	1071	950	937	
Ausnützung der Garnfestigkeit im Gewebe	%	102,2	99,0	103,0	108,0	113,0	
Gewebefestigkeit gebleicht	kg	82,6	72,4	66,1	64,9	67,8	58,9
Fadenzahl je Streifen		109	109	109	108,5	108,5	93
Rohgarnfestigkeit	g	1866	1563	1434	1257	1115	1258
Ausnützung d. Rohgarnfestigkeit	%	40,7	42,5	42,3	47,7	56,1	50,4
Garnfestigkeit nach der Gewebebleiche	g	851	674	634	545	511	601
Ausnützung d. Garnfestigkeit im Gewebe	%	88,9	98,7	95,7	109,7	122,6	105,5

Der entsprechenden graphischen Darstellung dient Abb. 3. Sie zeigt im unteren Bild die Gewebefestigkeiten, im oberen (gekrümmte Linien) die Ausnutzung der erhalten gebliebenen Garnfestigkeit, beides in Abhängigkeit von dieser Garnfestigkeit in Kettrichtung für die stuhlrohen und nachgebleichten Gewebe.

Tab. I_3 bringt zunächst erneut die Gewebefestigkeiten stuhlroh und nachgebleicht - jetzt aber zwecks Ausschaltung der Streuung den Festigkeitsgeraden in Abb. 3 entnommen - und weiter die für alle Gewebe bzw. alle Kettgarne dem absoluten Wert nach gleich hohen Anteile der Bindung, die sich aus den Schnitten der Gewebefestigkeitsgeraden, besser gesagt, deren gedachter Verlängerungen mit der y-Achse in Abb. 3 ergeben (Abstände von der x-Achse). Als Differenz der vorgenannten Spalten errechnen sich die ferner aufgeführten Anteile der Garnfestigkeit an der Festigkeit der Gewebe. Der prozentuale Vergleich dieser letztgenannten Werte mit den in den Geweben verbliebenen und anschließend aufgeführten Garnfestigkeiten unter Einbeziehung der Fadenzahl in den Streifen[1] ergibt die "tatsächliche Ausnützung" der in den Geweben noch vorhandenen Fadenfestigkeit. Die graphische Darstellung in Abhängigkeit von der Kettgarnfestigkeit ist im oberen Bild der Abb. 3 enthalten.

Nachdem über den grundsätzlich erkannten Verlauf der Abhängigkeiten bereits im vorausgegangenen Abschnitt berichtet worden ist, bleibt nun, auf die zahlenmäßigen Ergebnisse der Untersuchungen anhand der erläuterten Tabellen und Kurven einzugehen.

Die Garnfestigkeitsverluste durch das Weben (Tab. I_1, Abb. 2 unten) erscheinen mit einem Mittel von 25 % der Rohgarnfestigkeit in unerwarteter Höhe, offenbar als Folge der Beanspruchungen bei der Verarbeitung, hauptsächlich wohl im Webstuhl (Scheuern in Geschirr und Riet). Was die einzelnen Werte anbetrifft, so liegen sie für die 3 mittleren Kettgarne B bis D praktisch auf einer Höhe, die dem oben erwähnten Mittel entspricht, während der Verlust bei dem besten Garn A (1866 g, hohe Zwirnkette) mit über 30 % höher und bei dem geringsten Garn E (1125 g, IIa Schuß) mit unter 20 % merklich niedriger liegt. Dies deutet eine

---

[1] Hier als Mittel der Gesamtreihe (siehe Tab. I_2).

Tabelle I$_3$: nach Abb. 3

Gewebe Nr.		I	II	III	IV	V
Garnbezeichnung		Kt.A	Kt.B	Kt.C	Kt.D	Kt.E
Gewebefestigkeit stuhlroh	kg	124,0	118,0	111,0	103,5	102,5
Anteil der Bindung	kg	40,5	40,5	40,5	40,5	40,5
Anteil der Garnfestigkeit	kg	83,5	77,5	70,5	63,0	62,0
Garnfestigkeit nach dem Weben	g	1255	1172	1071	950	937
Mittl. Fadenzahl je Streifen		99	99	99	99	99
Tatsächliche Ausnützung d. Garnfestigkeit im Gewebe	%	67,2	66,8	66,5	67,0	66,9
Gewebefestigkeit gebleicht	kg	84,0	72,5	70,0	64,5	62,5
Anteil der Bindung	kg	29,5	29,5	29,5	29,5	29,5
Anteil der Garnfestigkeit	kg	54,5	43,0	40,5	35,0	33,0
Garnfestigkeit nach der Gewebebleiche	g	851	674	634	545	511
Mittlere Fadenzahl je Streifen		109	109	109	109	109
Tatsächliche Ausnützung der Garnfestigkeit im Gewebe	%	58,8	58,5	58,5	58,9	59,1

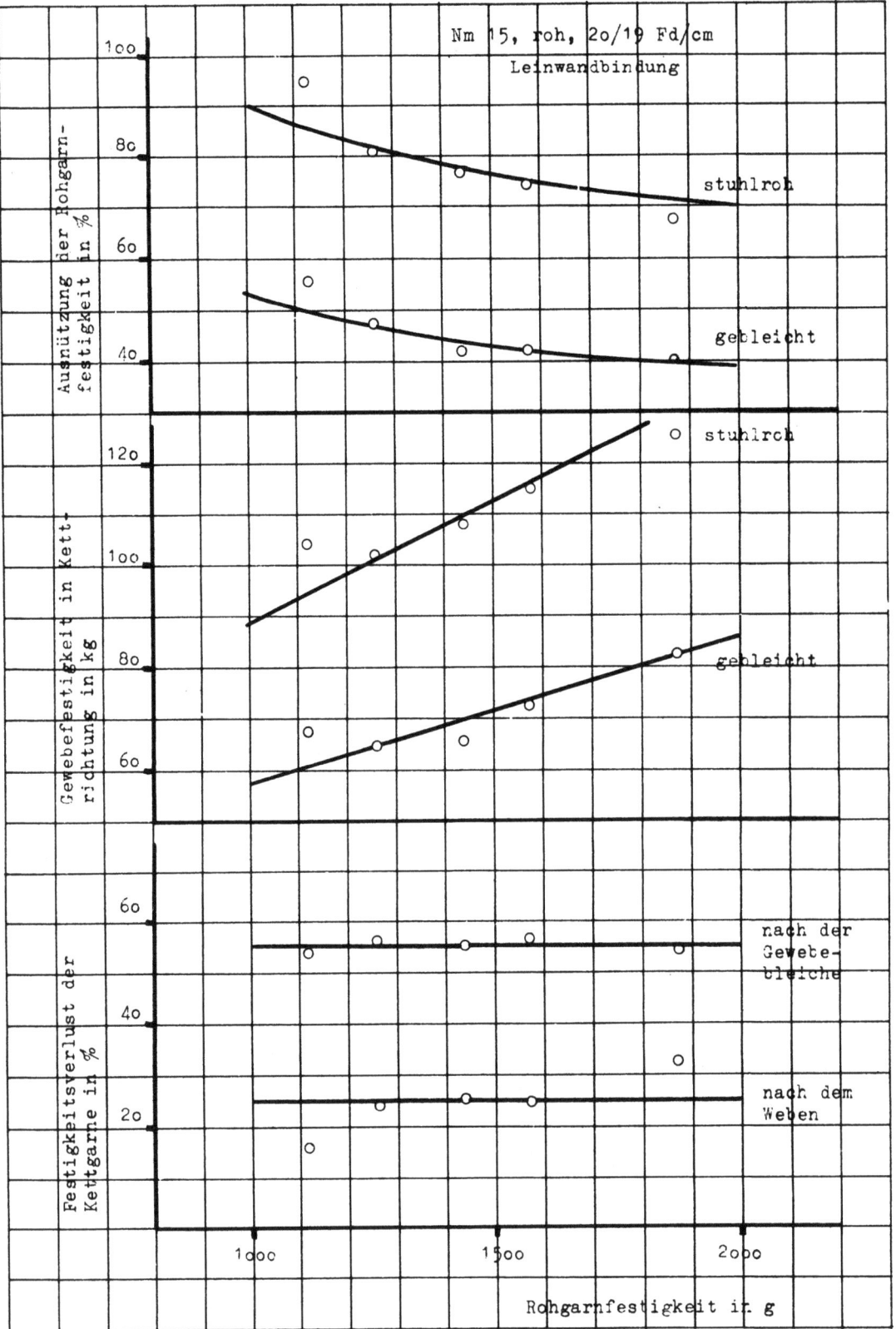

Abbildung 2

Ausnützung der Kettgarnfestigkeit

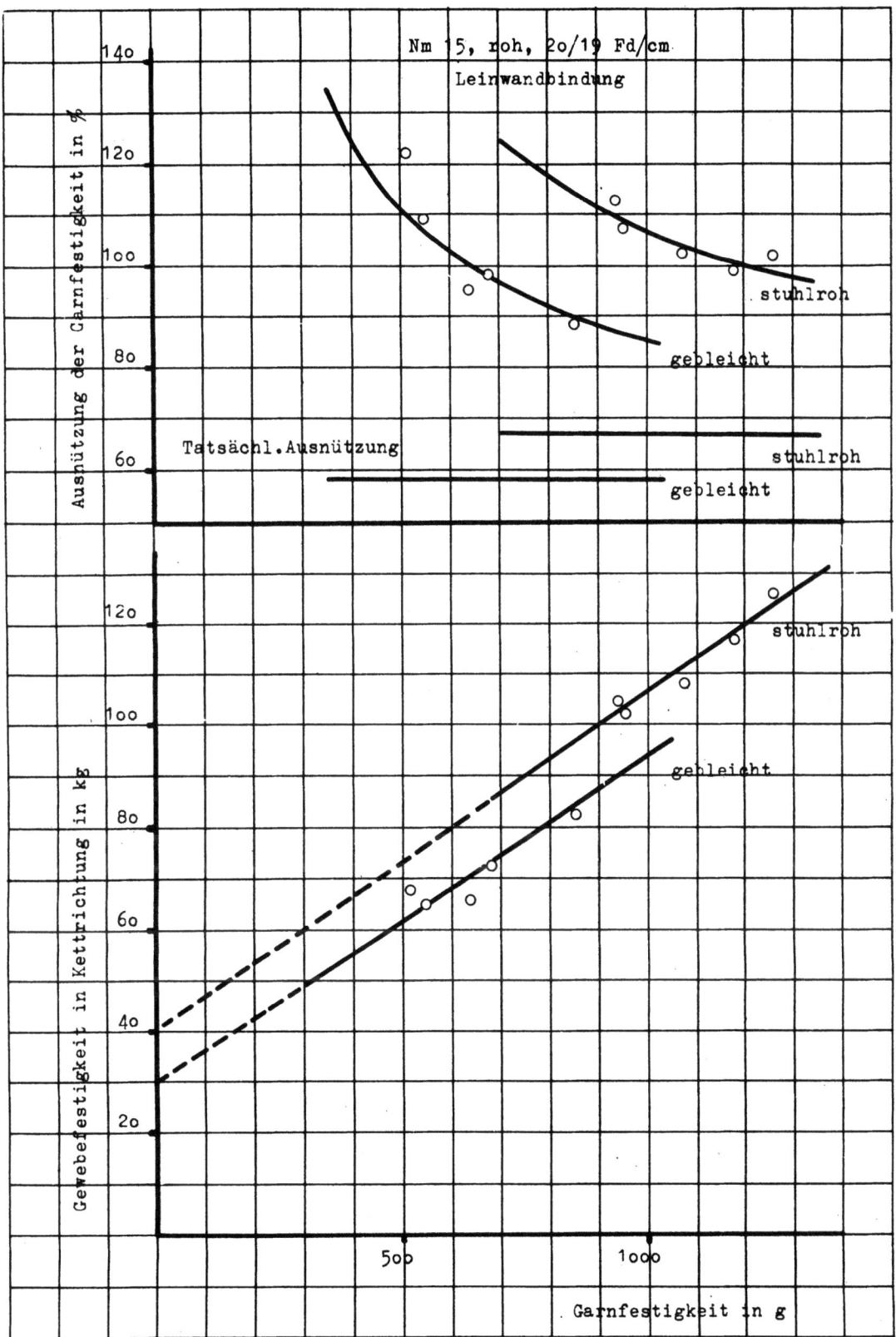

A b b i l d u n g 3

Ausnützung der Kettgarnfestigkeit

nach den höheren Festigkeiten hin ansteigende Tendenz des Webverlustes an, die der unter Abschnitt A festgestellten Gesamterfahrung widerspricht, wonach die Verluste von der Garnausgangsfestigkeit unabhängig sind. Demnach wären die Abweichungen als zufällig anzusprechen.

Immerhin spricht für einen stärkeren Rückgang der Festigkeit bei Garnen, die im rohen Zustand sehr hohe Werte aufweisen, eine Überlegung, die sich auf dem Wesen eines naßgesponnenen Bastfasergarns aufbaut. Die Festigkeit setzt sich in jedem Fall aus 2 Komponenten zusammen, einer "echten" Festigkeit, bestimmt durch Gesundheit, Kräftigkeit, auch Feinheit der versponnenen Fasern, unterstützt durch sorgfältige und zweckmäßige Verarbeitung, und einer "unechten" Festigkeit, die auf Zufälligkeiten beruht, vor allem auf dem Einfluß der im Garn noch enthaltenen Zwischensubstanzen (Verklebung). Diese letztere Festigkeitskomponente, die im ursprünglichen Zustand des Garns ihren Wert hat, geht im Verlauf der auftretenden Beanspruchungen zurück, sie hält ihnen nicht stand. Bei Garnen, die mit hohen Anfangsfestigkeiten auftreten, wird mit derartigen Rückgängen der Wahrscheinlichkeit nach in stärkerem Maße zu rechnen sein als bei Gespinsten, die von vornherein bescheidenere Werte zeigen. Im vorliegenden Falle gibt allerdings die Betrachtung der nach durchgeführter Warenbleiche verbliebenen Garnfestigkeiten eher einer nur zufällig in der berichteten Weise aufgetretenen Streuung der Versuchswerte die größere Wahrscheinlichkeit. Bei allen Kettgarnen zeigt die Höhe des Gesamtfestigkeitsverlustes nach Weben und Bleichen einen überraschend festen Wert um 55 %. Um auf diesen gleich hohen Totalverlust zu kommen, müßten das Garn E, das einen niedrigeren Verlust beim Weben hatte, und das Garn A, das demgegenüber mehr beim Weben verlor, sehr unterschiedliche Bleichverluste gehabt haben, wozu keine Erklärung gefunden werden kann.

Zusammenfassend können wir die Betrachtung über die Festigkeitsänderungen der roh und ungeschlichtet verarbeiteten Kettgarne A - E wie folgt kennzeichnen. Die mechanische Beanspruchung bei den Arbeitsgängen in der Weberei, hauptsächlich jene auf dem Webstuhl, läßt die Garne bereits einen beträchtlichen Teil ihrer Ausgangsfestigkeit (rund 25 %) einbüßen. Es ist eine sonst unbestätigte Tendenz feststellbar, daß Garne großer Ausgangsfestigkeiten dabei höhere prozentuale Verluste aufweisen als Garne mit geringeren Anfangswerten. Die Warenbleiche läßt die Festigkeiten der Garne weiter zurückgehen. Bei allen Kettgarnen des vorgenommenen Versuches lag der Gesamtfestigkeitsverlust nach Weben und Bleichen gut einheitlich um 55 %, bezogen auf die ursprüngliche Festigkeit des Rohgarnes.

Abb. 2, unteres Bild, zeigt die zur x-Achse der Rohgarnfestigkeit parallelen Geraden der Festigkeitsverluste der Garne nach dem Weben und nach der Gewebebleiche. Folgend den sonstigen Erfahrungen wurden die abweichenden Verlusthöhen der Garne A und E nach dem Weben nicht berücksichtigt.

Die in Tab. I_2 enthaltenen Festigkeiten der stuhlrohen und gebleichten Gewebe und die prozentuale Ausnützung der Rohgarnfestigkeit unter Berücksichtigung der Fadenzahlen in den Reißstreifen ergeben sich - wie auch aus Abb. 2, mittleres und oberes Bild, deutlich hervorgeht - in der beschriebenen linearen bzw. gegenläufig hyperbolischen Abhängigkeit von der Rohgarnfestigkeit. Daß die Zahlenwerte und die Höhe der Abhängigkeitslinien für die stuhlrohen und die gebleichten Gewebe sehr unterschiedlich sind, versteht sich angesichts der bei der Bleiche auftretenden Garnfestigkeitsverluste von selbst. Dagegen ist der Vergleich der Zahlen für unterschiedliche Garnqualitäten interessant. Hierfür seien die Qualitäten Zwirnkette E mit einer Sollfestigkeit von 1760 g, Ia mech. Kette mit 1360 g und IIa Schuß mit 1120 g für Ne_L 25 gewählt. Gewebefestigkeit und Ausnutzungsgrad sind für diese Garne und den vorliegenden Verarbeitungsfall aus folgender Zusammenstellung zu ersehen. Die Werte sind den Schaulinien entnommen.

	Gewebefestigkeit		Ausnützung d.Rohgarnfestigkeit	
	stuhlroh	gebleicht	stuhlroh	gebleicht
Zwirnkette E	126 kg	79 kg	72 %	41 %
Ia mech. Kette	106	68	79	46
IIa Schuß	95	61	86	50

Innerhalb der in Tab. I_2 weiter enthaltenen Ausnützungszahlen der in den Geweben nach dem Weben bzw. nach der Gewebebleiche noch verbliebenen Garnfestigkeiten wirken sich, da die zwischendurch aufgetretenen Garnverluste aus der Rechnung eliminiert worden sind, lediglich die

Bindung und die durch ungleichmäßiges Reißen an der vollen Ausnutzung gehinderte Summe der noch vorhandenen Fadenfestigkeiten aus. Diese Ausnützungswerte, die in Abb. 3 oben (gekrümmte Linien) über der verbliebenen Garnfestigkeit aufgetragen sind, liegen natürlich höher als die der Rohgarnfestigkeit; im übrigen zeigen sie die bereits geläufige entgegengesetzt hyperbolische Abhängigkeit. Sie verändern sich zwischen den extremen Garnqualitäten, Zwirnkette E und IIa Schuß - die Festigkeitsverluste von 25 bzw. 55 % gegenüber dem Rohgarn zugrunde gelegt[1]-, von 98 auf 116 % bei den stuhlrohen und von 92 auf 111 % bei den gebleichten Geweben. Für gleiche Garne ist also die Ausnutzung der verbliebenen Festigkeit im Rohgewebe etwas besser als im gebleichten Gewebe. Die Ausnutzungszahlen für die mittlere Garnqualität Ia mech. Kette (1360 g roh) liegen für die verbliebenen Garnfestigkeiten (1020 bzw. 610 g) bei 107 bzw. 102 %, wobei der höhere Wert für das stuhlrohe Gewebe gilt. (Vergl. demgegenüber die Ausnützungszahlen der Rohgarnfestigkeit in der Zusammenstellung auf S. 21).

Als die von den verlängerten Festigkeitsgeraden in Abb. 3 auf der y-Achse geschaffenen Abschnitte ergeben sich die in Tab. I_3 enthaltenen Anteile der Bindung an der Festigkeit der stuhlrohen und nachgebleichten Gewebe mit 40,5 bzw. 29,5 kg. Die Ergänzung dieser Bindungsanteile zu den vollen Gewebefestigkeiten sind die Anteile der Fadenfestigkeit, die ebenfalls in Tab. I_3 eingetragen sind[2].

Für die Festigkeit eines stuhlrohen Gewebes mit einem Kettgarn der Qualität Zwirnkette E beträgt der Anteil der Bindung somit 32 %, der Anteil des Garns 68 %, bei einem Gewebe mit Kettgarn Qualität IIa Schuß sind die Zahlen 43 und 57 %. Im gebleichten Zustand gelten für Gewebe mit Kettgarn Zwirnkette E 37 % Bindung und 63 % Garn, für Gewebe

---

[1] Also bei Fadenfestigkeiten von 1320 und 840 g bei stuhlrohen bzw. 790 und 505 g bei gebleichten Geweben.

[2] Wie bereits erwähnt, sind in dieser Tabelle, die schon bei der Bestimmung des Bindungsanteils auf die Auswertung der graphischen Darstellung in Abb. 3 angewiesen ist, zur Ausschaltung der Streuung auch die Werte der Gewebefestigkeit den Schaulinien entnommen. Für die Fadenzahl in den Streifen wurde ein Mittelwert gesetzt. Ebenso wird in den analogen Tabellen (mit Index 3) für die noch zu beschreibenden Versuche verfahren.

mit Kettgarn IIa Schuß 48 % Bindung und 52 % Garn. Bei der mittleren Kettgarnqualität Ia mech. Kette endlich beträgt der Anteil der Bindung 38 bzw. 43 %, der Anteil der Garnfestigkeit 62 bzw. 57 % (letztgenannte Zahl jeweils für das gebleichte Gewebe). Es zeigt sich also, daß bei den gebleichten Geweben der Bindungsanteil eine gegenüber dem Rohgewebe prozentual gesteigerte Rolle spielt. Daraus folgt zwangsläufig, daß die zweite Komponente der Gewebefestigkeit, nämlich der Beitrag der Fadenfestigkeit nach der Gewebebleiche prozentual geringer wird.

Die "tatsächliche Ausnützung" der Gewebefestigkeit, d.h., das Verhältnis des letztgenannten Anteils der Gewebefestigkeit zur Summe der im Reißstreifen vorhandenen Fadenfestigkeiten ergibt sich - nach Tab. I_3 und Abb. 3 oben - bei den gebleichten Geweben niedriger als bei den stuhlrohen. Dies war auch zu erwarten, nachdem sich sowohl der ausnützungsgrad der verbliebenen Garnfestigkeit, bezogen auf die Gesamtgewebefestigkeit, als auch der Anteil des Garns an der letzteren sich bei der gebleichten Ware niedriger erwiesen haben als bei der stuhlrohen. Infolge der reinen Proportionalität, die zwischen dem auf der Garnfestigkeit beruhenden Gewebefestigkeitsanteil und der Garnfestigkeit selbst vorhanden ist, sind die in Tab. I_3 zuletzt aufgeführten Ausnutzungswerte unabhängig von der Garnqualität und in der graphischen Darstellung in Abb. 3, oben, zur x-Achse parallele, also waagerecht verlaufende Geraden. Wird von der unvermeidlichen Streuung der Meßwerte der Gewebefestigkeit abgesehen, so kann für den behandelten Versuchsfall die tatsächliche Ausnützung der Garnfestigkeit im Gewebe mit konstant 67 % bei den stuhlrohen und mit konstant 58,5 % bei den gebleichten Geweben angegeben werden.

Nach dieser sehr ausführlichen Schilderung der zuerst betrachteten Versuchsreihe können die Ergebnisse der weiteren Untersuchungen unter Hinweis auf die Tabellen und graphischen Bilder knapper zusammengefaßt werden.

Die Versuche I - V mit den Kettgarnen A - E bildeten den Anfang der Ausnutzungsversuche. Das aufschlußreiche Ergebnis dieser ersten Arbeit ließ den Wunsch aufkommen, die Verhältnisse auch für andere Gewebe- und Garndaten zu untersuchen. Für diesen Zweck wurden die Gewebe 1-44 für die gleichbenannten Untersuchungen verwandt:

Gewebe 1 - 24: Kettgarne: 1 - 4;   Schußgarn : 4 ; Nm 15
Gewebe 25 - 28: Kettgarne: 5 - 8;   Schußgarn : 8 ; Nm 21
Gewebe 29 - 4o: Kettgarn :   2 ;   Schußgarne : 1 -3; Nm 15
Gewebe   44: Kettgarn : Zwirn;   Schußgarn : 4 ; Nm 3o/2
Gewebe 41 - 42: Kettgarne: B1-B2;   Schußgarn : 4 ; Nm 21

Aus diesen Versuchsreihen seien zuerst die der Beobachtung der <u>Kettgarnausnutzung</u> dienenden, nämlich 1 - 28 und 44, behandelt, sowie 41 - 42.

2. <u>Garn: Nm 15 = Ne_L 25 bzw. Nm 3o/2 = Ne_L 5o/2, roh;</u>
   <u>Gewebe: Leinwand, 2o,5 Fd/cm, stuhlroh und 4/4-weiß</u>
   <u>(Vers. 17 - 24 und 44)</u>

Diese Versuche sollten ursprünglich mit der Feststellung dienen, welchen Einfluß das Schlichten auf die Ausnutzung der Kettgarnfestigkeit hat. Deshalb wurden die Gewebe 17 - 2o mit ungeschlichteten, die Gewebe 21 - 24 mit geschlichteten Rohgarnketten hergestellt. Es muß vorweggenommen werden, daß die Untersuchungen keine sinnvollen Unterschiede der Ergebnisse mit und ohne Schlichte aufzuweisen hatten. Soweit solche vorhanden waren, konnte eine gemeinsame Tendenz nicht festgestellt werden, so daß sie der unvermeidlichen, teilweise erheblichen Streuung der Versuchs- und Untersuchungsresultate zuzuschreiben waren. Die aus den analogen Versuchen mit und ohne Schlichte gewonnenen Werte wurden deshalb zusammengezogen und die Mittelwerte in den Tabellen II_1 - II_3 und den Schaulinien Abb. 4 und 5 zusammengestellt.

Das Ausbleiben eines eindeutigen Effektes der Schlichte auf die Erhaltung der Garnfestigkeit im Gewebe bzw. auf deren Schutz bei der Verarbeitung beleuchtet kennzeichnend die Problematik des Schlichtens und zeigt erneut, daß hier nur differenzierte Verfahren bei großer Umsicht zum Ziel führen. Im vorliegenden Falle blieb das Schlichten der verwendeten Rohgarne nutzlos. Darüber, daß das Vergleichsergebnis zwischen der Festigkeitsausnutzung bei geschlichtet und ungeschlichtet verarbeiteten Ketten gegebenenfalls auch anders ausfallen kann, wird noch zu berichten sein.

Die zusammengefaßten Reihen 17 - 2o und 21 - 24 bieten somit über das oben Gesagte hinaus im Rahmen des Berichtes nur noch eine willkommene Möglichkeit, die geschilderten Ergebnisse der Versuche I - V zu überprüfen, handelt es sich doch um Leinwandgewebe etwa gleicher Dichte mit rohen Kettgarnen der gleichen Nummer Nm 15. Die extremen Garnfestigkeiten betrugen bei Kt.1 1657 g (Zwirnkette F), bei Kt.4 1099 g (IIa Schuß). In einem Sonderfall (Vers. 44) kam als Kette (Kt.Zw.) ein Zwirn Nm 30/2 mit 1377 g Festigkeit zur Verwendung.

Es folgt die Beschreibung der Untersuchungsergebnisse zunächst für die Kettgarne Kt.1-4.

Tabelle II$_1$

Gewebe Nr.	17/21	18/22	19/23	20/24	44	17-24,44
Garnbezeichnung	Kt.1	Kt.2	Kt.3	Kt.4	Kt.Zw.	Sch.4
Rohgarnfestigkeit g	1657	1412	1276	1099	1377	1099
Garnfestigkeit nach dem Weben g	1232	1004	944	690	1166	839
Festigkeitsverlust n.d. Weben %	25,7	28,9	26,0	37,2	15,3	23,6
Garnfestigkeit n.d. Gewebebleiche g	900	787	726	589	777	707
Festigkeitsverlust n.d. Gewebebleiche %	45,7	44,3	43,2	46,3	43,6	35,7

Aus Tab. II$_1$ und der Abb. 4 sind die Festigkeitsverluste der Rohgarne durch das Weben und nach der anschließenden Gewebebleiche zu ersehen. Liegen die letzteren um 45 % als Mittelwert mit erstaunlich geringer Streuung, fällt bei den Verlusten durch das Weben der Wert für Kt.4 soweit heraus, daß er mit den anderen um 27 % als Mittel einigermaßen gut liegenden Werten nicht in Einklang zu bringen ist und als Zufallsergebnis außer Betracht bleiben muß. Die durch die Nachbleiche eingetretene Vergleichmäßigung gibt dieser Auffassung recht.

Der Vergleich mit den unter 1. festgestellten Garnfestigkeitsverlusten zeigt, daß eine gute Übereinstimmung in der gefundenen Höhe der Webverluste vorhanden ist (25 und 27 % im Mittel), daß dagegen die Verluste nach der Gewebebleiche mit 55 und 45 % eine recht erhebliche Abweichung voneinander zeigen. Da in beiden Fällen die Werte für alle Garne dicht zusammen liegen, kann die Differenz weder auf Rohmaterialunterschiede noch auf Zufallsstreuung zurückzuführen sein. Hier werden

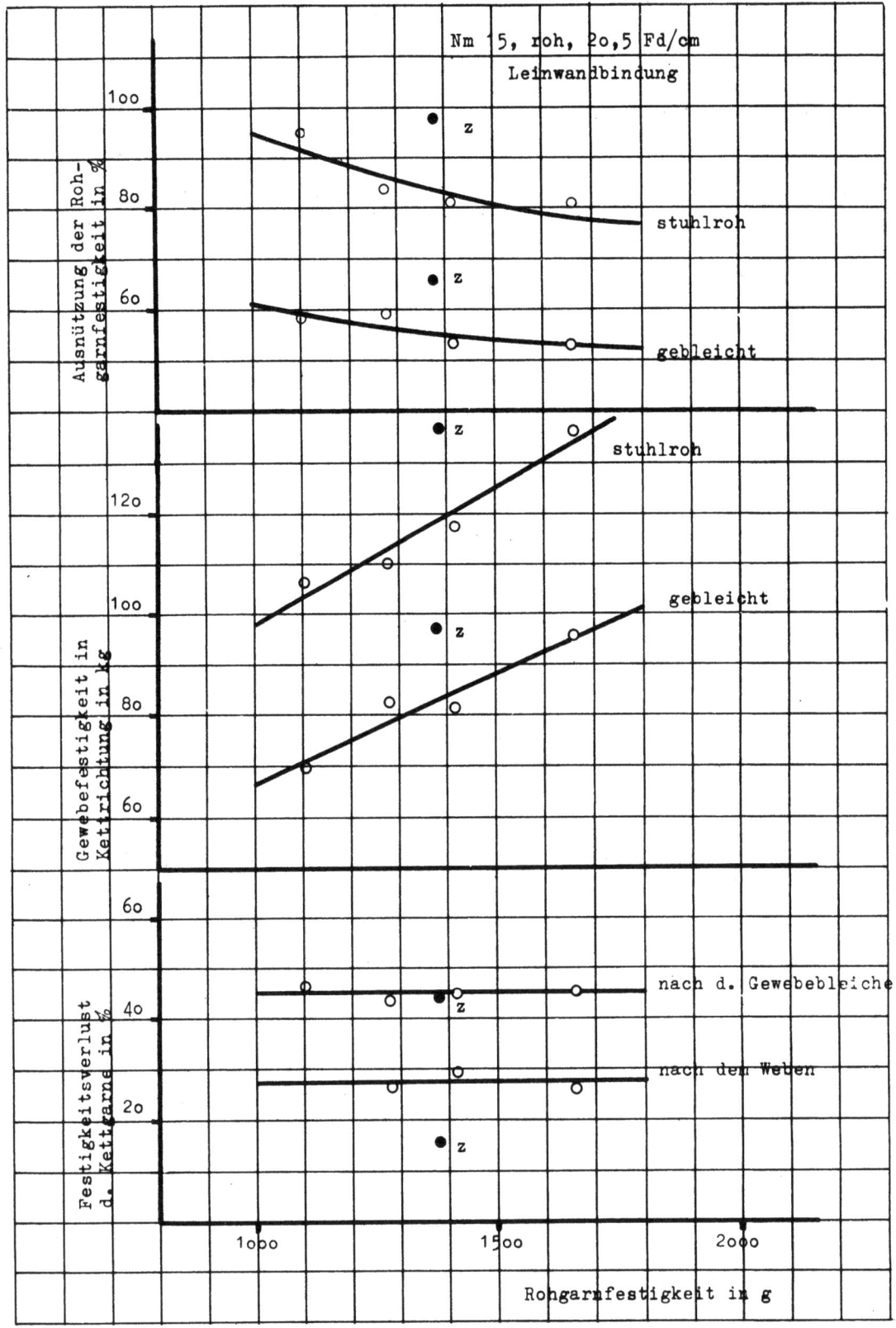

A b b i l d u n g 4

Ausnützung der Kettgarnfestigkeit

Einfluß und Möglichkeiten der Bleiche offenbar. Die Nachbehandlung erfolgte in beiden Fällen und auch bei allen noch zu beschreibenden Geweben in dem gleichen Betrieb. Zugegebenerweise ist die Vollbleiche eines relativ dichten Gewebes aus nicht vorgebleichten Garnen nicht als normal und einfach zu bezeichnen, worauf auch im voraus die Leitung der Bleiche hingewiesen hatte. Immerhin zeigt der aufgetretene Unterschied des Festigkeitsverlustes in den Garnen die in dem Faktor Bleiche vorhandene Unsicherheit.

Fassen wir die Höhen der beiden genannten Werte als extreme auf, so bleibt für rohe Flachsgarne Nm 15 bei Leinwandgewebe mit um 20 Fd/cm Dichte festzustellen:

   Garnfestigkeitsverlust nach dem Weben: 25 - 27 %; Mittel 26 %
   Garnfestigkeitsverl.n.d.Gewebebleiche: 45 - 55 %; Mittel 50 %.

Tab. II$_2$ und Abb. 4, Mitte und oben, geben für die Kettgarne Kt.1-4 die zugehörigen Gewebefestigkeiten und die <u>Ausnutzungswerte der Rohgarnfestigkeit</u> in den stuhlrohen und gebleichten Geweben wieder. Die wiederholt geschilderten Abhängigkeiten ergeben sich bei mäßiger Streuung der Einzelwerte einwandfrei. Analog der Zusammenstellung auf S. 21 für die Versuchsreihe I - V seien für einige Qualitätssollfestigkeiten die den Schaulinien in Abb. 4 entnommenen Werte der Gewebefestigkeit und der Rohgarnausnutzung angegeben:

Garnqualität	Gewebefestigkeit		Ausnützung der Rohgarnfestigkeit	
	stuhlroh	gebleicht	stuhlroh	gebleicht
Zwirnkette E	140 kg	100 kg	77 %	52 %
Ia mech. Kette	118	82	84	56
IIa Schuß	104	72	91	59

Im Vergleich zu I - V ergibt sich eine bessere Ausnützung der Rohgarnfestigkeit, was für den Zustand nach der Nachbleiche bereits aufgrund der festgestellten niedrigeren Garnfestigkeitsverluste zu erwarten war, aber darüber hinaus auch in der stuhlrohen Ware festzustellen ist. Somit ist für den jetzt betrachteten Fall auch mit einer besseren Ausnutzung der in den Geweben verbliebenen Garnfestigkeit zumindest für die stuhlrohe Ware zu rechnen, für welche die Garnfestigkeitsverluste in beiden Fällen gleich hoch waren.

Hinsichtlich der Ausnutzung der Rohgarne kann als Erfahrung aus den beiden untersuchten Fällen für Nm 15 roh und Leinwand mit 2o Fd/cm festgestellt werden:

Für die Garnqualität Ia mech. Kette:

79 - 84 %, im Mittel 82 % für stuhlrohe Gewebe,
46 - 56 %, Im Mittel 51 % für gebleichte Gewebe

und im Rahmen des Aufgezeigten für geringere Qualitäten steigend bzw. abnehmend für höhere Qualitäten.

In Tab. II_2 sind auch die Werte für die Ausnutzung der in den Geweben noch vorhandenen Garnfestigkeiten enthalten. Sie sind für Garne gleicher Festigkeit im Gewebe - wie erwartet - bei den stuhlrohen Geweben, aber auch bei den gebleichten Geweben, höher als für die Versuchsreihe I - V festgestellt. Verlauf bzw. Lage der entsprechenden Schaulinien in den Abb. 5 und 3, oben, geben darüber einen guten Überblick. Als Zahlenbeispiel sei wiederum die Sollfestigkeit für die Garnqualität Ia mech. Kette (1 360 g) herausgegriffen. Unter Berücksichtigung der Verluste nach dem Weben und nach der Gewebebleiche (27 bzw. 45 %), also für die in den Geweben verbliebenen Garnfestigkeiten von 99o bzw. 75o g ergibt sich die Ausnutzung der Garnfestigkeit im Gewebe für die Versuchsreihen 17 - 24 zu 117 % im stuhlrohen und zu 1oo % im gebleichten Gewebezustand. Im Mittel mit der Reihe I - V sind folgende Ausnutzungszahlen zu nennen: Für Garnqualität Ia mech. Kette:

1o7 - 117 %, im Mittel 112 % für stuhlrohe Gewebe
1oo - 1o3 %, im Mittel 1o2 % für gebleichte Gewebe.

Nach Tab. II_3 bzw. Bild 5 unten beträgt der Anteil der Bindung an den Gewebefestigkeiten stuhlroh und gebleicht 52 bzw. 32 kg. Für die Ausgangsqualität Ia mech. Kette ergibt sich unter Benutzung der Werte für die Gesamtfestigkeit der Gewebe aus der Zusammenstellung auf S. 27 folgende prozentuale Aufteilung:

Anteil der Bindung: 44 bzw. 39 %; Anteil der Gewebefestigkeit: 56 bzw. 61 % (letztgenannte Zahlen jeweils für die gebleichten Gewebe).

Vergleich und Mittelwertbildung für beide Versuchsreihen I - V und 17 - 24 ergeben folgende prozentuale Anteile:

Bindung   : 38 - 44 %, Mittel 41 % bei stuhlrohen Geweben
Garnfestigkeit : 56 - 62 %, Mittel 59 % "   "   "
Bindung   : 39 - 43 %, Mittel 41 % "   gebleichten "
Garnfestigkeit : 57 - 61 %, Mittel 59 % "   "   "

Prozentual ist also nur wenig Unterschied zwischen den Ergebnissen der beiden Versuchsreihen vorhanden, und eine Mittelwertbildung erscheint durchaus erlaubt. Die Mittelwerte lassen auf einen verschiedenen Einfluß der Bindung je nach Zustand der Gewebe nicht mehr schließen.

Der aus Tab. II_3 und Abb. 5 weiter zu entnehmende Wert für die "tatsächliche Ausnützung" der in den stuhlrohen Geweben 17 - 24 verbliebenen Garnfestigkeit zeigt sich mit 66 % nur wenig verschoben gegenüber dem für die Gewebe I - V gefundenen Wert von 67 %. Für die gebleichten Gewebe hingegen ist im vorliegenden Fall die "tatsächliche Garnausnützung" mit 61,5 % etwas höher als bei I - V mit 58,5 %. Im ganzen gesehen liegen aber solche Differenzen durchaus in den Grenzen der in Kauf zu nehmenden Schwankungen angesichts der komplizierten Versuchsanordnung. Die Mittelwertbildung erscheint deshalb gestattet, und es ergibt sich zusammengefaßt die tatsächliche Ausnützung der Garnfestigkeit im Gewebe:

Für alle Garnqualitäten:

66 - 67 %, im Mittel 67 % für die stuhlrohen Gewebe
58,5 - 61,5 %, im Mittel 60 % für die gebleichten Gewebe.

Die Betrachtung der Ergebnisse über die Ausnutzung der Kettgarnfestigkeit aus den beiden Versuchsreihen mit Rohgarnen kann infolgedessen mit der Feststellung abgeschlossen werden, daß die erhaltenen Werte - mit Ausnahme des unkonstanten Garnfestigkeitsverlustes durch das Bleichen - befriedigend übereinstimmen und somit die Gewißheit gegeben ist, daß wir es nicht mit Zufallsresultaten zu tun haben. Die in Abschnitt III A dieses Berichtes entwickelten Abhängigkeiten der Gewebefestigkeit und des Ausnutzungsfaktors von der Garnqualität bzw. von der Garnfestigkeit haben sich in beiden Fällen vollauf bestätigt.

Es bleibt das Verhalten des als Kettmaterial verwendeten Zwirns zu betrachten, der in den Tab. II_1 und II_2 mit Kt.Zw., in den Abb. 4 und 5 mit Z bezeichnet ist. Seine Rohgarnfestigkeit betrug 1 377 g.

Der Festigkeitsverlust des Zwirns durch das Weben ergab sich zu 15,3 %

Tabelle II$_2$

Gewebe Nr.		$^{17}/_{21}$	$^{18}/_{22}$	$^{19}/_{23}$	$^{20}/_{24}$	44	17-24,44
Garnbezeichnung		Kt.1	Kt.2	Kt.3	Kt.4	Kt.Zw.	Sch.4
Gewebefestigkeit stuhlroh	kg	136,1	117,3	109,9	106,5	136,7	123,1
Fadenzahl je Streifen		1o2	1o2	1o2,5	1o1,5	1o1,5	1oo
Rohgarnfestigkeit	g	1657	1412	1276	1099	1377	1099
Ausnützung d. Rohgarnfestigkeit	%	8o,5	81,5	84,o	95,5	97,6	112,o
Garnfestigkeit nach dem Weben	g	1232	1oo4	944	69o	1166	839
Ausnützung d. Garnfestigkeit im Gewebe	%	1o8,4	114,7	113,6	152,3	115,6	146,5
Gewebefestigkeit gebleicht	kg	95,7	81,4	82,3	69,4	97,o	73,8
Fadenzahl je Streifen		1o8,5	1o8	1o8,5	1o7,5	1o7	93,5
Rohgarnfestigkeit	g	1657	1412	1276	1099	1377	1099
Ausnützung der Rohgarnfestigkeit	%	53,3	53,3	59,5	58,8	65,9	71,9
Garnfestigkeit n.d. Gewebebleiche	g	9oo	787	726	589	777	7o7
Ausnützung der Garnfestigkeit im Gewebe	%	98,o	95,8	1o4,7	1o9,8	116,8	111,9

T a b e l l e II$_3$:   nach Abb. 5

Gewebe Nr.		17/21	18/22	19/23	20/24
Garnbezeichnung		Kt.1	Kt.2	Kt.3	Kt.4
Gewebefestigkeit stuhlroh	kg	135,0	120,0	116,0	99,0
Anteil der Bindung	kg	52,0	52,0	52,0	52,0
Anteil der Garnfestigkeit	kg	83,0	68,0	64,0	47,0
Garnfestigkeit nach dem Weben	g	1232	1004	944	690
Mittl. Fadenzahl je Streifen		102	102	102	102
Tatsächliche Ausnützung der Garnfestigkeit im Gewebe	%	66,0	66,3	66,4	66,7
Gewebefestigkeit gebleicht	kg	92,0	84,0	80,0	71,0
Anteil der Bindung	kg	32,0	32,0	32,0	32,0
Anteil der Garnfestigkeit	kg	60,0	52,0	48,0	39,0
Garnfestigkeit nach der Gewebebleiche	g	900	787	726	589
Mittl. Fadenzahl je Streifen		108	108	108	108
Tatsächliche Ausnützung der Garnfestigkeit im Gewebe	%	61,8	61,1	61,2	61,4

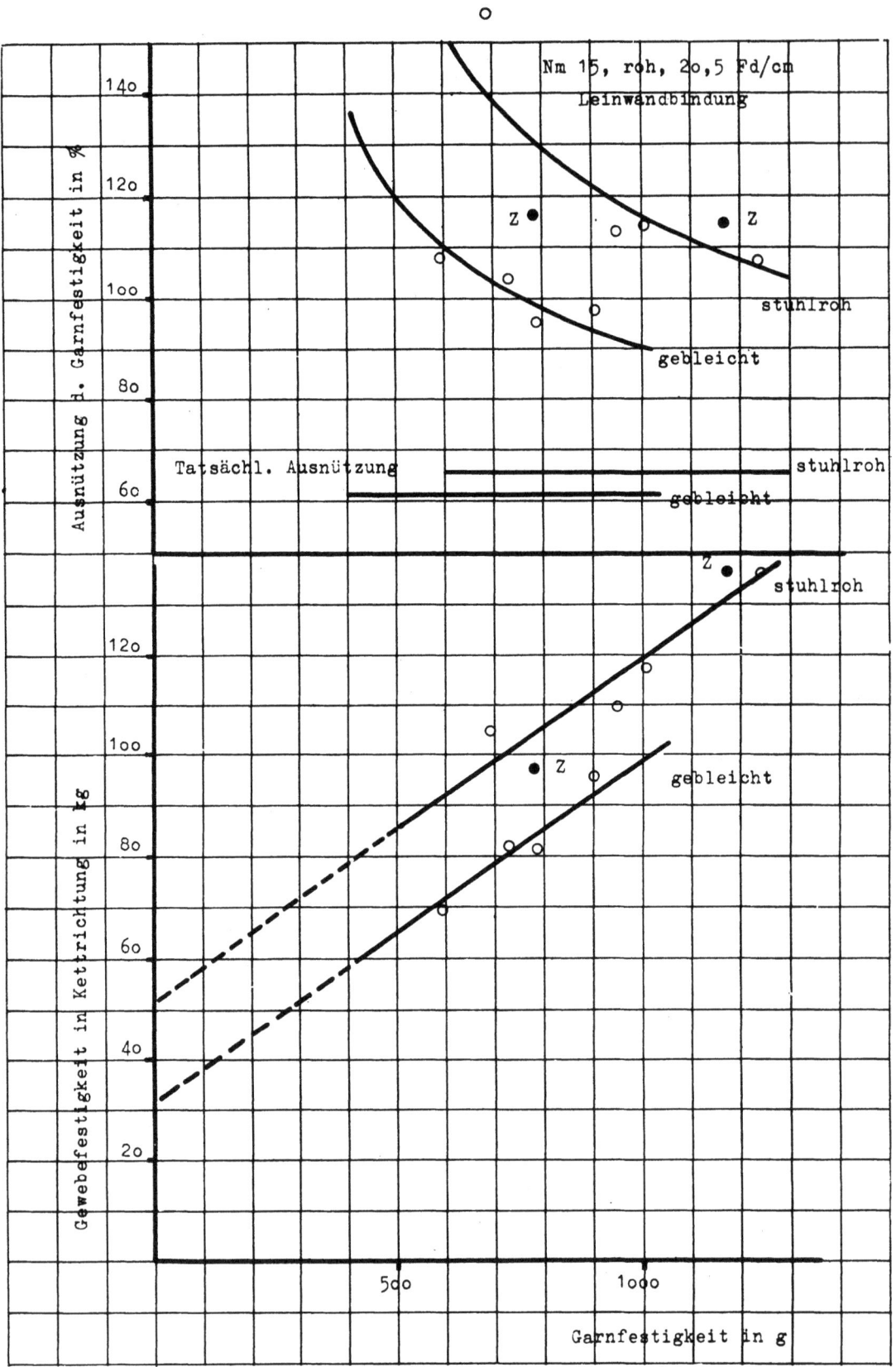

Abbildung 5

Ausnützung der Kettgarnfestigkeit

und liegt damit tief unter dem der Kettgarne. Es ist schwer zu sagen, ob diese Feststellung eine begründete oder eine zufällige ist. Bei nur einem einzigen Versuchspunkt ist die Entscheidung problematisch. Wir neigen zu der Auffassung, daß der niedrige Wert einer starken Streuung zuzuschreiben ist, wie etwa der bei Garn Kt.4 erhaltene, umsomehr, als der Festigkeitsverlust nach der Gewebebleiche auch für den Zwirn mit 43,6 % durchaus im Rahmen der für die Kettgarne gefundenen Werte liegt.

Sehr erheblich höher ist aber der <u>Ausnutzungsgrad der Zwirnfestigkeit</u>, verglichen mit den einfachen Garnen. Dies ist das wesentliche und sicher nicht zufällige Resultat dieser Untersuchung, die leider eine einzelne war und deshalb keine Analyse gestattet, worauf die höheren Werte der Gewebefestigkeit zurückzuführen sind, ob nämlich auf die bessere Bindung oder auf ein einheitlicheres Verhalten der Fäden in den Streifen bei der Reißbeanspruchung, letzteres zum Ausdruck kommend durch einen höheren Wert der "tatsächlichen Ausnützung". Um dies festzustellen, hätte es - wie bei den Garnen - einer Versuchs<u>reihe</u> mit Zwirnen verschiedener Festigkeit bedurft.

Die bessere Ausnützung des Zwirns im Vergleich zu einem Garn gleicher Festigkeit (1 377 g) zeigt, den Schaulinien (Abb. 4 und 5) entnommen, nachstehende Zusammenstellung:

	Garn	Zwirn
Ausnützung der Rohgarnfestigkeit		
stuhlroh	84,0 %	98,0 %
gebleicht	55,5	65,9
Ausnützung der Garnfestigkeit		
stuhlroh	109,0 %	115,6 %
gebleicht	99,0	116,8

Die Überlegenheit des Zwirns für die Erzielung hoher Gewebefestigkeit ist durch diese beachtenswert höher liegenden Ausnützungswerte gegenüber einem einfachen Garn gleicher Festigkeit anschaulich erwiesen. Zahlenmäßig aus den Geraden der Abb. 4 entnommen, ist die Festigkeit des bereits nachgebleichten Gewebes mit Kette aus Zwirn 97 kg, die des Gewebes aus gleichfesten Garnen 83 kg.

Es wurde zu Beginn dieses Abschnittes gesagt, daß die zuletzt geschilderten Versuche einen Einfluß des Schlichtens auf die Ausnützung der Kettgarnfestigkeit nicht erweisen konnten. Gleichzeitig wurde aber darauf hingewiesen, daß dieses Ergebnis nicht als allgemein gültig anerkannt zu werden braucht, da es stark abhängig sein kann von dem angewandten Schlichtverfahren. Tatsächlich sind uns aus anderen Untersuchungen[1]) Resultate bekannt, die sehr wohl auf einen Schutz der Leinenkettfäden durch eine wirksame Schlichte deuten, wobei es sich um das Verweben der Garne sowohl im rohen als auch im abgekochten Zustand handelte. Nachstehend wird eine kurze Zusammenfassung der dabei erhaltenen Zahlen für die Garnfestigkeitsverluste und die Ausnutzung der Rohgarnfestigkeit gegeben.

Gewebe Kette		stuhlroh ungeschl.	geschl.	gebleicht ungeschl.	geschl.
Kettgarne roh					
Festigkeitsverlust bezog. auf Rohgarnfestigkeit	%	34,4	27,3	56,4	49,7
Ausnützung der Rohgarnfestigkeit	%	82,4	85,9	46,6	52,0
Kettgarne gekocht					
Festigkeitsverlust bezog. auf Rohgarnfestigkeit	%	38,4	36,8	52,7	54,3
Ausnützung der Rohgarnfestigkeit	%	71,6	75,8	46,4	50,2

Die Tendenz für das Zurückgehen der Garnfestigkeitsverluste und die Steigerung der Ausnutzung bei den Geweben mit geschlichtet verarbeiteten Ketten tritt hier in Erscheinung und wird nur bei dem Vergleich der Garnverluste von abgekocht verwebten Garnen im gebleichten Zustand durchbrochen. Es kann also mittels Schlichtens, wenn es zweckentsprechend durchgeführt wird, eine Verbesserung der Garnausnützung erzielt

---

[1]) Siehe Forschungsbericht 19: "Die Auswirkungen des Schlichtens von Leinengarnketten auf den Verarbeitungswirkungsgrad sowie die Festigkeits- und Dehnungsverhältnisse der Garne und Gewebe".

werden. Ausschlaggebend ist das angewandte Verfahren, die verwendeten Mittel. Allgemein gültig von einem zum Thema gehörenden Vorteil des Schlichtens zu sprechen, ist aber nicht richtig.

Alle im Folgenden noch zu beschreibenden Gewebe wurden mit geschlichteten Ketten analog den Geweben 21 - 24 hergestellt.

3. <u>Garn: Nm 15 = Ne_L 25, 1/2-weiß; Gewebe: Leinwand, 20,5 und 17,5 Fd/cm, stuhlroh und 4/4-weiß (Vers. 1 - 8).</u>

Wie aus der Überschrift ersichtlich, umfassen die jetzt zu besprechenden Versuche die Verwebung halbgebleichter Garne, wobei es sich - wie aus den Köpfen der zugehörigen Tabellen III_1 - III_3 hervorgeht - um die gleichen Garne handelt, die bei den unter 2 beschriebenen Versuchen roh verarbeitet wurden. Die Gewebe wurden in zwei verschiedenen Dichten angefertigt; zu der bisher normalen von 20,5 Fd/cm trat eine geringere Dichte von 17,5 Fd/cm. Der Vergleich der Versuchsergebnisse 1 - 4 und 5 - 8 erlaubt, den Einfluß der Gewebedichte auf die Ausnutzung der Garnfestigkeit zu studieren, während die Gegenüberstellung der Ergebnisse 1 - 4 und 17 - 24 (letztere in Abschn. 2) die gegebenenfalls verschiedenen Verhältnisse bei dem Verweben vorgebleichter und roher Garne festzustellen gestattet. Die Abb. 6 und 7 geben die in den Tab. III_1 und III_2 enthaltenen Zahlen in graphischer Zusammenfassung wieder bzw. dienen in der beschriebenen Weise der Aufstellung der Tabelle III_3. Die stark ausgezogenen Linien gehören zu den Geweben größerer Dichte, die schwächer gezeichneten zu den Geweben geringerer Dichte.

<u>Die Festigkeitsverluste der Garne</u> in der Vorbleiche (Tab. III_1, Abb. 6, unten) können um 18 % als für alle Garnqualitäten Kt.1 - Kt.4 konstant angenommen werden. Wenn auch gleichsinnig mit den Ausführungen auf S. 20 sich eine leichte Tendenz für die Zunahme des Verlustes nach den höheren Garnfestigkeiten hin geltend macht, so ist sie gering und für die Gesamtbetrachtung nicht ausschlaggebend.[1]

Durch das Weben steigt der Verlust der Garnfestigkeit auf 40 % an.

---

[1] Über die ermittelte Höhe des Festigkeitsverlustes durch die Garnbleiche sei hier nicht diskutiert. Auf die Unstabilität des Faktors Bleiche wurde bereits hingewiesen.

Dieser Wert kann für die Gewebe beider Dichten als Mittel der zwar stark, aber ohne Tendenz streuenden Meßergebnisse für die verschiedenen Garnqualitäten genannt werden. Außer Ansatz müssen dabei allerdings die Resultate der Versuche 4 und 8 mit Kettgarn Kt.4 bleiben, die eine aus dem Rahmen fallende, wenn auch miteinander übereinstimmende Höhe des Garnfestigkeitsverlustes zeigen, welche sogar die in den nachgebleichten Geweben festgestellte übertrifft. Somit können diese Zahlen als nicht charakteristische, wenn nicht als Zufallsergebnisse abgetan werden. Die im Mittel genannten 40 % beziehen sich auf die Rohgarnfestigkeit. Wenn hiervon die Verluste durch die Garnbleiche in Höhe von 18 % abgesetzt werden, ergibt sich ein durch das Weben allein entstandener Verlustanteil von rund 22 % der Rohgarnfestigkeit. Auf die Festigkeit der halbgebleichten, zur Verwebung gekommenen Garne (82 % der Rohgarnfestigkeit) umgerechnet, ergibt sich ein Festigkeitsverlust durch das Weben von über 26 %. Dieser entspricht prozentual vollkommen dem im Abschn. 2 festgestellten Gewebeverlust der gleichen, aber roh verwebten Garne der Vers. 17 - 24.

Die Garnfestigkeitsverluste nach der Gewebebleiche sind für die beiden Gewebedichten wiederum praktisch gleich und können mit rund 48 % angegeben werden. Die Streuung der Einzelwerte für die verschiedenen Garne ist wiederum wesentlich geringer als bei den stuhlrohen Geweben. Der Vergleich mit den analogen Versuchen 17 - 24 mit Rohgarnen ergibt, daß die Höhe der Garnfestigkeitsverluste in der vollgebleichten Fertigware bei beiden Verfahren, nämlich mit und ohne Garnvorbleiche, in der gleichen Größenordnung liegt (48 gegen 45 %). Von dem geringen aufgetretenen Unterschied auf einen Vorteil des Webens mit Rohgarn zu schliessen, ist natürlich gefährlich. Es sei auf Seite 27 verwiesen, auf der als Mittel aus 2 Versuchsreihen mit Rohgarnen 50 % Gesamtverlust festgestellt wurde.

Die Gewebefestigkeiten stuhlroh und gebleicht und die <u>Ausnutzung der Rohgarnfestigkeit</u> in den Geweben zeigen, wie aus Tab. III$_2$ und Abb. 6, mittl. und oberes Bild, ersichtlich, das bekannte lineare bzw. hyperbolische Verhalten in Abhängigkeit von der Rohgarnfestigkeit, auf das nicht mehr eingegangen zu werden braucht. An dieser Stelle interessiert der zwischen den Geweben verschiedener Dichte auftretende Unterschied. Daß die dichteren Gewebe höhere absolute Festigkeiten aufweisen, ist

Tabelle III₁

Gewebe Nr.		1	2	3	4	1-4	5	6	7	8	5-8
Garnbezeichnung		Kt.1	Kt.2	Kt.3	Kt.4	Sch.4	Kt.1	Kt.2	Kt.3	Kt.4	Sch.4
Rohgarnfestigkeit	g	1657	1412	1276	1099	1099	1657	1412	1276	1099	1099
Garnfestigkeit nach der Garnbleiche	g	1329	1157	1055	918	918	1329	1157	1055	918	918
Festigkeitsverlust nach der Garnbleiche	%	19,8	18,1	17,3	16,5	16,5	19,8	18,1	17,3	16,5	16,5
Garnfestigkeit nach dem Weben	g	888	909	794	499	682	970	872	807	544	651
Festigkeitsverlust nach dem Weben	%	46,4	35,7	37,8	54,6	37,9	41,5	38,3	36,8	50,6	40,7
Garnfestigkeit nach der Gewebebleiche	g	877	764	693	536	636	818	755	705	559	616
Festigkeitsverlust n.d. Gewebebleiche	%	47,1	45,9	45,7	51,2	42,1	50,7	46,5	44,7	49,2	43,9

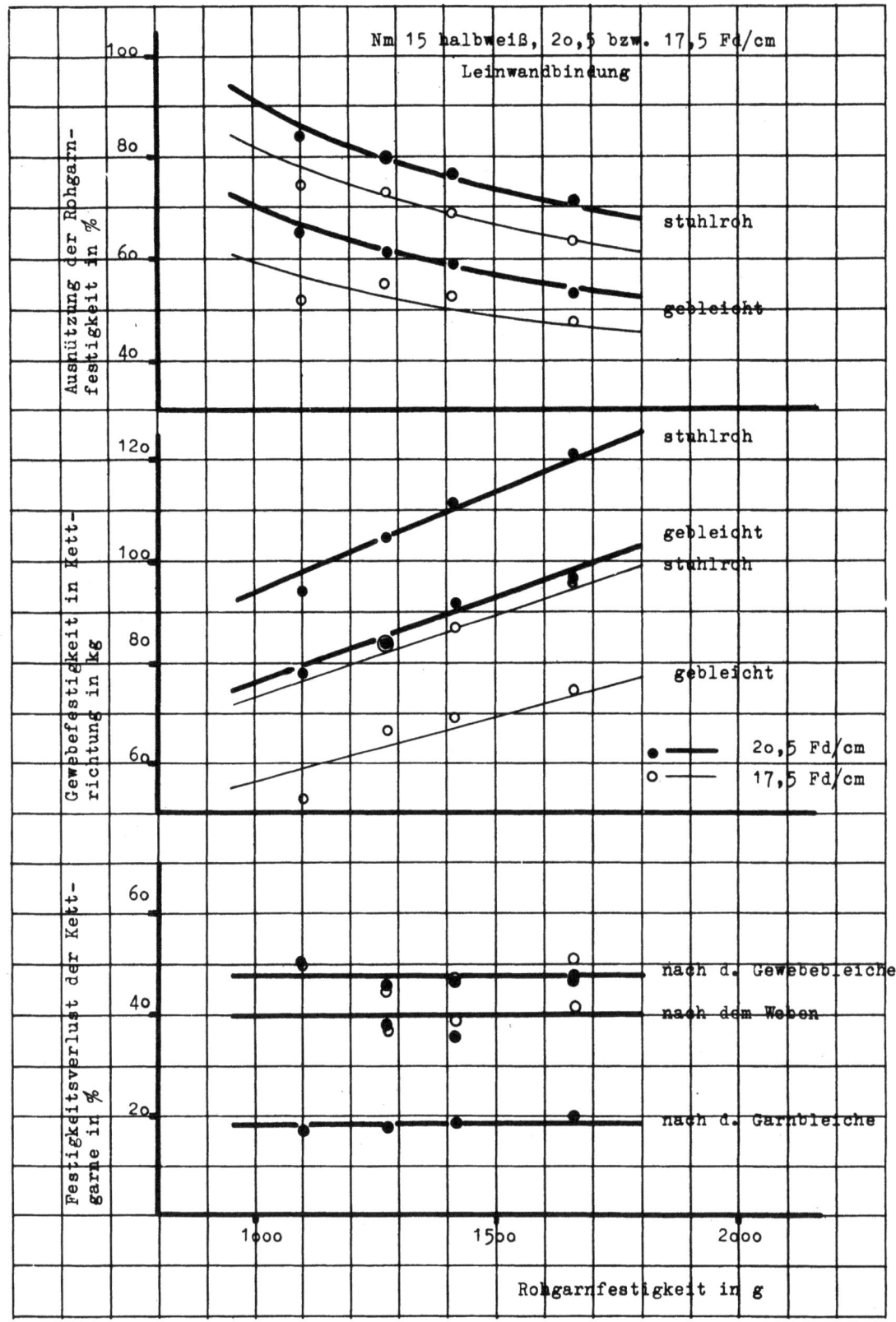

A b b i l d u n g   6

Ausnützung der Kettgarnfestigkeit

natürlich und selbstverständlich. Bemerkenswert hingegen ist, daß trotz gleich hoher Festigkeitsverluste auch die Ausnutzung der Rohgarnfestigkeit bei den dichteren Geweben eindeutig höher ist. Das bedeutet, daß die Festigkeit der Gewebe mit zunehmender Dichte über das Verhältnis der Fadenzahlen je cm hinaus ansteigt und daß auch die Ausnutzung der jeweils verbliebenen Festigkeit, wie noch anhand ihrer Werte zu zeigen sein wird, bei dichteren Geweben besser ist.

Zunächst seien aber aus den Schaulinien der Abb. 6 für 3 charakteristische Rohgarnsollfestigkeiten deren Ausnutzung und die absoluten Zahlen der Gewebefestigkeit bei $D_1 = 20,5$ und $D_2 = 17,5$ Fd/cm Dichte gegenübergestellt.

Garnqualität	Gewebefestigkeit in kg				Ausnützung der Rohgarnfestigkeit in %			
	stuhlroh		gebleicht		stuhlroh		gebleicht	
	D_1	D_2	D_1	D_2	D_1	D_2	D_1	D_2
Zwirnkette E	124	98	102	76	68	62	53	46
Ia mech. Kette	108	85	88	65	77	70	60	51
IIa Schuß	99	77	80	59	85	78	66	56

Die Ausnutzung der Rohgarnfestigkeit ist bei den um 3 Fd/cm dichteren Geweben deutlich besser. Der Unterschied kommt bei den gebleichten Geweben stärker zum Ausdruck, als bei den stuhlrohen. Für die mittlere Garnqualität beträgt er 9 %, das sind, bezogen auf die Ausnutzung in der weniger dichten Ware, 18 %.

Eine Gegenüberstellung der obigen Zahlen für die dichteren Gewebe mit den auf S. 27 zusammengestellten erlaubt den Vergleich der Rohgarnfestigkeitsausnutzung beim Verweben roher und vorgebleichter Garne. Natürlich kann sich dieser Vergleich nur auf die nachgebleichten Fertigwaren erstrecken, denn die stuhlrohen Gewebe sind unter diesen Umständen miteinander nicht vergleichbar. Es ergibt sich, daß die Werte der Ausnutzung für die Versuche 1 - 4 trotz der etwas höher festgestellten

Tabelle III$_2$

Gewebe Nr.	1	2	3	4	1-4	5	6	7	8	5-8
Garnbezeichnung	Kt.1	Kt.2	Kt.3	Kt.4	Sch.4	Kt.1	Kt.2	Kt.3	Kt.4	Sch.4
Gewebefestigkeit stuhlroh kg	121,7	111,8	1o4,9	93,9	97,5	95,5	87,o	84,2	72,8	66,9
Fadenzahl je Streifen	1o2,5	1o3	1o3	1o2	1oo	91	89	9o	88,5	85,5
Rohgarnfestigkeit g	1657	1412	1276	1o99	1o99	1657	1412	1276	1o99	1o99
Ausnützung der Rohgarnfestigkeit %	71,7	77,o	79,8	83,8	88,8	63,3	69,3	73,3	74,8	71,2
Garnfestigkeit n.d. Weben g	888	9o9	794	499	682	97o	872	8o7	544	651
Ausnützung d. Garnfestigk.i.Gewebe %	133,6	119,5	128,2	184,4	143,o	1o8,2	112,2	115,9	151,5	12o,2
Gewebefestigkeit gebleicht kg	96,5	9o,7	84,o	77,5	72,9	74,4	69,1	66,1	52,6	52,7
Fadenzahl je Streifen	1o9	1o9	1o7	1o8	95	94,5	93,5	94	93,5	82
Rohgarnfestigkeit g	1657	1412	1276	1o99	1o99	1657	1412	1276	1o99	1o99
Ausnützung der Rohgarnfestigkeit %	53,4	58,8	61,7	65,2	69,8	47,6	52,3	55,o	51,3	58,5
Garnfestigk. n. d. Gewebebleiche g	877	764	693	536	636	818	755	7o5	559	616
Ausnützung d. Garnfestigk.i.Gewebe %	1o1,1	11o,5	113,4	134,o	12o,8	96,2	97,8	99,7	1oo,7	1o4,2

Garnfestigkeitsverluste im ganzen betrachtet höher liegen als für die Versuche 17 - 24 mit nicht vorgebleichten Garnen[1].

Tabelle III_2 enthält auch die in den stuhlrohen und gebleichten Geweben erhalten gebliebenen Fadenfestigkeiten und ihre prozentuale Ausnutzung. Die Meßwerte streuen stark. Die graphische Darstellung, aufgetragen über der jeweiligen Garnfestigkeit, enthält Abb. 7. Wie bereits überlegungsmäßig festgestellt werden konnte, sind die Ausnutzungsfaktoren der Garnfestigkeit für die verschiedenen Dichten der Gewebe sehr unterschiedlich. Den Schaulinien entnommen, ergeben sie sich für die mittlere Garnfestigkeit Ia mech. Kette (1 360 g roh) unter Annahme von 40 bzw. 48 % Garnfestigkeitsverlust in den stuhlrohen und gebleichten Geweben, also bei 815 bzw. 708 g verbliebener Garnfestigkeit wie folgt:

	20,5 Fd/cm	17,5 Fd/cm
Ausnützung der Garnfestigkeit in %		
stuhlroh	132	118
gebleicht	113	98

Ehe auf die Untersuchung der besseren Fadenausnutzung in den dichteren Geweben eingegangen wird, sei wieder der Vergleich mit dem diesbezüglichen Ergebnis der Versuche 17 - 24 mit Rohgarnen gezogen. Der für die gebleichten Gewebe dort festgestellte Wert von 100 % Ausnützung der verbliebenen Garnfestigkeit wird jetzt vom analogen Gewebe mit vorgebleicht verwebten Garnen und 113 % Ausnutzung übertroffen, was ziemlich eindeutig für die Vorteile vorgebleichter Garne spricht.

Die Frage nach der Ursache der besseren Ausnutzung der Garnfestigkeit in dichten Geweben kann anhand der Zahlen in der Tab. III_3 untersucht werden, die in der beschriebenen Weise mit Hilfe der Abb. 7, unteres Bild, aufgestellt wurde. Der Anteil der Bindung ergibt sich je nach

---

[1] Bei dem Vergleich der Verluste oder Ausnutzung roh und abgekocht verwebter Garne gelegentlich anderweitiger Versuche, die in einigen Ergebnissen bereits herangezogen wurden, ist das Bild nicht deutlich (vergl. Zusammenstellung auf S. 34), eher ist ein Vorteil der Rohverarbeitung feststellbar.

Tabelle III$_3$: nach Abb. 7

Gewebe Nr.		1	2	3	4	5	6	7	8
Garnbezeichnung		Kt.1	Kt.2	Kt.3	Kt.4	Kt.1	Kt.2	Kt.3	Kt.4
Gewebefestigkeit stuhlroh	kg	115,0	116,5	109,0	88,5	94,5	89,0	85,5	7o,5
Anteil der Bindung	kg	55,0	55,0	55,0	55,0	40,0	40,0	40,0	40,0
Anteil der Garnfestigkeit	kg	60,0	61,5	54,0	33,5	54,5	49,0	45,5	3o,5
Garnfestigkeit nach dem Weben	g	888	909	794	499	97o	872	8o7	544
Mittlere Fadenzahl je Streifen		1o2,5	1o2,5	1o2,5	1o2,5	89,5	89,5	89,5	89,5
Tatsächl. Ausnützung d. Garnfestigk.i.Gewebe	%	66,0	66,0	66,4	65,5	62,8	62,8	63,0	62,7
Gewebefestigkeit gebleicht	kg	97,0	90,0	85,5	75,5	71,0	67,5	65,0	58,0
Anteil der Bindung	kg	42,0	42,0	42,0	42,0	3o,0	3o,0	3o,0	3o,0
Anteil d. Garnfestigk.	kg	55,0	48,0	43,5	33,5	41,0	37,5	35,0	28,0
Garnfestigkeit nach der Gewebebleiche	g	877	764	693	536	818	755	7o5	559
Mittlere Fadenzahl je Streifen		1o8	1o8	1o8	1o8	94	94	94	94
Tatsächl. Ausnützung d. Garnfestigk.i.Gewebe	%	58,0	58,2	58,1	57,8	53,3	52,9	52,9	53,3

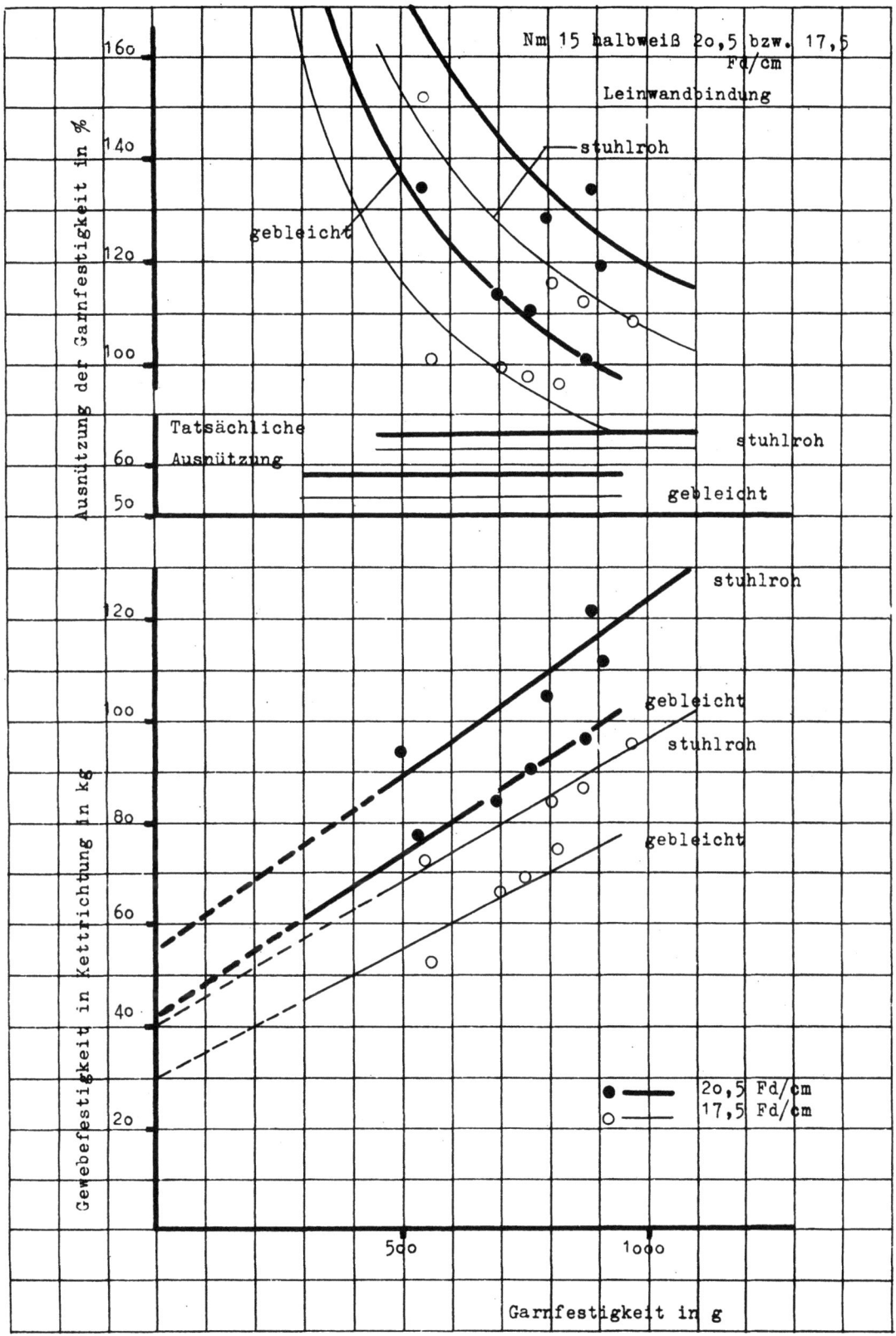

Abbildung 7

Ausnützung der Kettgarnfestigkeit

Gewebedichte stuhlroh mit 55 bzw. 40 kg, gebleicht mit 42 bzw. 30 kg.
Das gibt für die Garne Qualität Ia mech. Kette folgendes Bild:

	20,5 Fd/cm	17,5 Fd/cm
stuhlroh		
Anteil der Bindung %	51	47
Anteil d. Garnfestigkeit %	49	53
gebleicht		
Anteil der Bindung %	48	46
Anteil d. Garnfestigkeit %	52	54

Erhebliche Unterschiede sind in den absoluten Werten, weniger in der prozentualen Verteilung der Gewebefestigkeit auf ihre beiden Komponenten vorhanden. Immerhin scheint das weniger dichte Gewebe sich auf die Bindungswirkung, selbst bezogen auf seine geringere Gesamtfestigkeit, weniger stützen zu können als die dichte Ware.

Günstig ist der Vergleich der Verteilung mit den in Abschn. 2 (S.28/29) angegebenen Versuchsergebnissen 17 - 24 für die Gewebe mit roh verarbeiteten Garnen, wobei er wiederum nur für die gebleichten Waren zulässig ist. Er zeigt, daß die Bindung für die mit vorgebleichten Garnen gefertigten Gewebe anteilmäßig höher liegt (bei Ia mech. Kette 48 gegen 39 %).

Die prozentuale Aufteilung der Gewebefestigkeit ist in den stuhlrohen und gebleichten Geweben praktisch gleich, wie dies auch bei Rohgarnverarbeitung im Mittel festgestellt werden konnte.

<u>Die tatsächliche Ausnützung</u> der Garnfestigkeit im Gewebe errechnet sich (vergl. Tab. III$_3$ und Abb. 7, oben) mit 66 bzw. 63 % für die stuhlrohen und mit 58 bzw. 53 % für die gebleichten Gewebe, wobei die niedrigeren Werte für die weniger dichten Gewebe gelten. Somit ist die weit über das Dichteverhältnis hinausgehende Abnahme der Gewebefestigkeit bei geringerer Fadendichte, die in den niedrigen Ausnutzungszahlen zum Ausdruck kommt, nicht allein von einer verringerten Wirkung der Bindung, sondern auch von einem schlechteren Zusammenwirken der Fäden bei der Beanspruchung der Gewebestreifen verursacht. Diese letzte Feststellung ist interessant und nicht ohne weiteres zu erwarten gewesen.

Offenbar nimmt mit einer geringeren Zahl beim Reißen eingespannter Fäden auch die Chance ab, daß sie sich der Beanspruchung gleichmäßig stellen.

Der Vergleich der mit 58 % gefundenen tatsächlichen Ausnutzung für das gebleichte dichtere Gewebe mit der analogen Zahl aus den Versuchen 17 - 24 (Abschn. 2) mit Rohgarnverwebung (61,5 %) zeugt - wenn der Unterschied auch gering ist - nicht von einem Vorteil der üblichen Verarbeitung bereits vorgebleichter Garne in der Weberei. Es muß also die sich umgekehrt auswirkende Differenz bei der Bindungswirkung sein, die den Vorteil der besseren Ausnutzung der Garnfestigkeit in den Geweben mit vorgebleicht verwebten Garnen zutage treten läßt.

Zusammenfassend ist zu den Ergebnissen dieses Versuchsabschnittes, der insbesondere dem Vergleich verschieden dicht gewebter Ware diente, zu sagen, daß die Ausnützung der Garne in den dichteren Geweben deutlich höher ist, was nachweislich sowohl auf die bessere Wirkung der Bindung als auch auf einen gesteigerten Wert der tatsächlichen Ausnutzung der verbliebenen Fadenfestigkeit zurückzuführen ist. Im Vergleich zu Geweben, die aus den gleichen, jedoch ohne Vorbleiche verarbeiteten Garnen hergestellt waren, ergibt sich, daß im Falle einer eingeschalteten Vorbleiche in der Fertigware bessere Garnfestigkeitsausnutzungen erzielt werden, die offenbar nicht auf Unterschiede in den Gesamtbleichverlusten, sondern auf bessere Bindungswirkung zurückzuführen sind.

4. <u>Garn: Nm 15 = Ne_L 25, 1/2-weiß; Gewebe: Köper, 20,5 und 17,5 Fd/cm, stuhlroh und 4/4-weiß (Vers. 9 - 16).</u>

In völliger Analogie zu den in Abschn. 3 beschriebenen Versuchen 1 - 8 handelt es sich um 2 Versuchsreihen mit den gleichen Garnen und unverändert gebliebenen zwei Fadendichten im Gewebe, lediglich mit dem Unterschied, daß statt Leinwandbindung eine $\frac{3}{1}$ Köperbindung angewandt wurde. Der Vergleich ermöglicht, den Einfluß der Bindungsart zu untersuchen, während die im vorigen Abschnitt über den Einfluß der Dichte getroffenen Feststellungen jetzt auch für Köpergewebe überprüft werden können. Tab. IV_1 - IV_3 und Abb. 8 und 9 zeigen in nun schon mehrfach erläuterter Weise die Ergebnisse der Untersuchungen an Garnen und Geweben.

Tab. IV$_1$ und Abb. 8, unten, befassen sich mit den <u>Garnfestigkeitsverlusten</u> durch die Vorbleiche, das Weben und die Gewebenachbleiche. Die Verluste durch die Garnbleiche wurden bereits in Abschn. 3 mit 18 % festgestellt; sie können übernommen werden, denn es handelt sich um die gleichen Garne. Die Verluste nach dem Weben und nach der Gewebebleiche sind in diesem Fall für die beiden verschieden dichten Gewebe nicht mehr gleich. Es ist - wenn auch, besonders bei den stuhlrohen Geweben, die schon öfter festgestellte starke Streuung nicht außer Acht gelassen wird - doch die Tatsache festzustellen, daß der Garnfestigkeitsverlust in 7 von 8 Fällen bei den weniger dichten Geweben niedriger ist als bei den dichteren. Der Unterschied ist bei den stuhlrohen Geweben mit 26 gegen 30 % recht deutlich, aber auch im gebleichten Gewebe mit 41,5 % gegen 42,5 % noch feststellbar. Verglichen mit der Leinwandbindung (Vers. 1 - 8), ist ein ganz bedeutender Rückgang der Garnfestigkeitsverluste zu registrieren: 26 bzw. 30 % gegen 40 % durch das Weben und 41,5 bzw. 42,5 % gegen 48 % nach der Gewebebleiche. Der Unterschied ist erheblich und zweifellos bedingt durch die geringere Strapazierung der Fäden beim Weben. Vielleicht ist dies auch der Grund, daß hier auch die bei der Leinwandbindung überdeckt Differenz in der Beanspruchung der Garne bei verschiedenen Dichten der Gewebe zum Ausdruck kommt. Die somit bei Köper im Vergleich zu Leinwand und bei geringeren Dichten in Erscheinung tretende bessere Erhaltung der Garnfestigkeit beim Weben wird allerdings durch die Nachbleiche zum Teil ausgeglichen. Immerhin bleiben die Unterschiede, wie gezeigt, besonders zwischen den beiden Bindungsarten offensichtlich.

Wenden wir uns mit Tab. IV$_2$ und Abb. 8 den Gewebefestigkeiten und der <u>Ausnutzung der Rohgarnfestigkeit</u> in Abhängigkeit von der letztgenannten zu, so ist zunächst in Übereinstimmung mit den Beobachtungen bei Versuch 1 - 8 der große Unterschied der Gewebefestigkeiten für die beiden Fadendichten über das Verhältnis der Fadenzahl je cm hinaus festzustellen. Zum Vergleich seien wieder für die Sollfestigkeiten der 3 bereits mehrfach herangezogenen Garnqualitäten (1 760, 1 360 und 1 120 g) die Gewebefestigkeits- und Ausnutzungszahlen zusammengestellt, wie sie den Schaulinien der Abb. 8 (mittl. und oberes Bild) entnommen werden können (D_1: 20,5 Fd/cm; D_2: 17,5 Fd/cm).

Tabelle IV$_1$

Gewebe Nr.		9	10	11	12	9-12	13	14	15	16	13-16
Garnbezeichnung		Kt.1	Kt.2	Kt.3	Kt.4	Sch.4	Kt.1	Kt.2	Kt.3	Kt.4	Sch.4
Rohgarnfestigkeit	g	1657	1412	1276	1099	1099	1657	1412	1276	1099	1099
Garnfestigkeit n.d. Garnbleiche	g	1329	1157	1055	918	918	1329	1157	1055	918	918
Festigkeitsverlust n.d. Garnbleiche	%	19,8	18,1	17,3	16,5	16,5	19,8	18,1	17,3	16,5	16,5
Garnfestigkeit n.d. Weben	g	1096	1018	941	741	656	1191	1042	981	802	722
Festigkeitsverlust n.d. Weben	%	33,9	27,9	26,3	32,6	40,2	28,0	26,2	23,1	27,0	34,4
Garnfestigkeit n.d. Gewebebleiche	g	940	811	814	579	591	967	841	779	611	545
Festigkeitsverlust n.d. Gewebebleiche	%	43,3	42,6	36,2	47,3	46,2	41,4	40,5	39,0	44,5	50,4

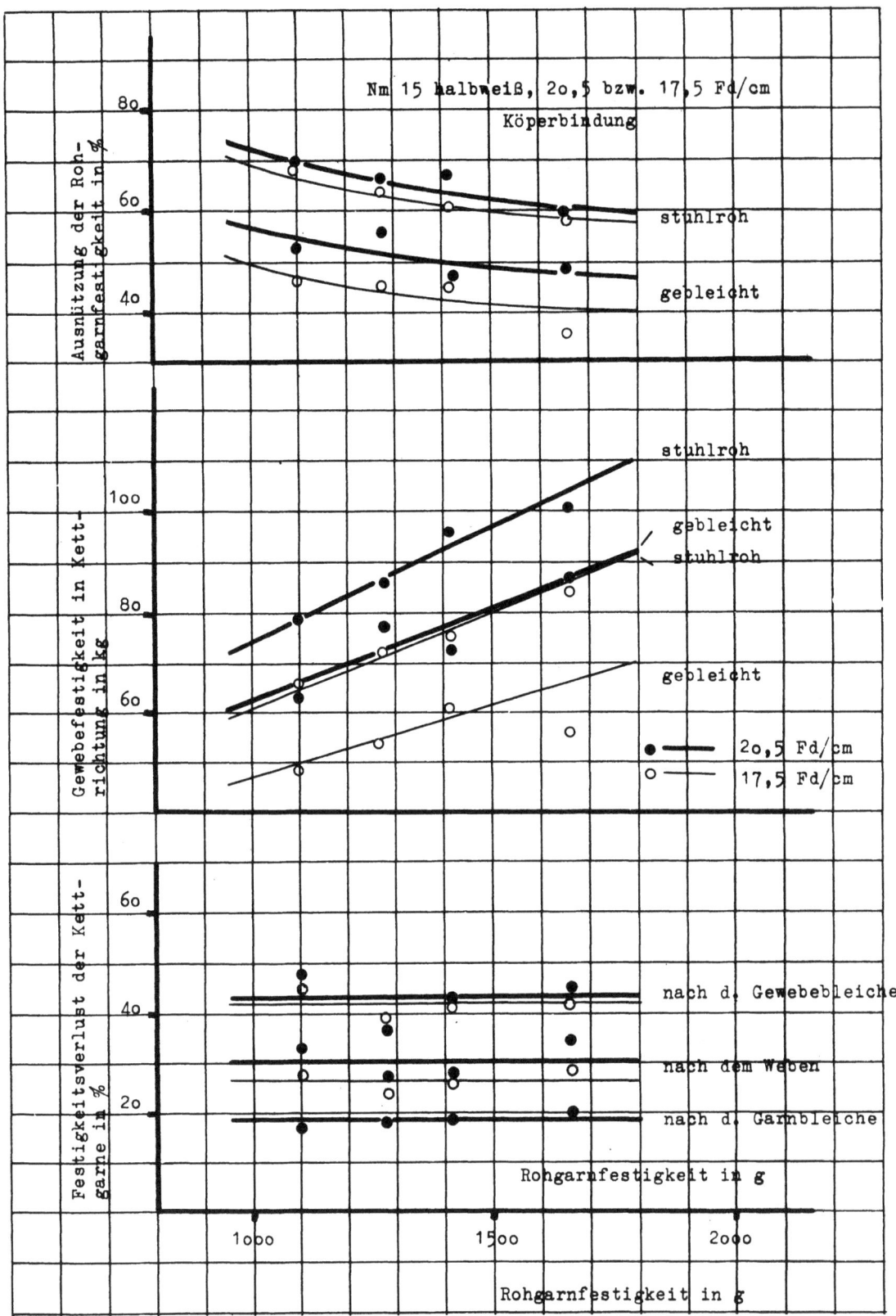

Abbildung 8

Ausnützung der Kettgarnfestigkeit

Tabelle IV$_2$

Gewebe Nr.		9	10	11	12	9-12	13	14	15	16	13-16
Garnbezeichnung		Kt.1	Kt.2	Kt.3	Kt.4	Sch.4	Kt.1	Kt.2	Kt.3	Kt.4	Sch.4
Gewebefestigkeit stuhlroh	kg	100,6	95,8	86,0	78,5	65,6	84,0	75,7	71,9	65,7	48,8
Fadenzahl je Streifen		102,5	102	102	103	97	88	88	89	88,5	82,5
Rohgarnfestigkeit	g	1657	1412	1276	1099	1099	1657	1412	1276	1099	1099
Ausnützung d. Rohgarnfestigkeit	%	59,3	66,5	66,2	69,4	61,6	57,7	60,8	63,3	67,6	53,9
Garnfestigkeit n.d. Weben	g	1096	1018	941	741	656	1191	1042	981	802	722
Ausnützung d. Garnfestigk.i.Gewebe	%	89,5	92,4	89,6	102,8	103,0	80,2	82,6	82,4	92,5	82,0
Gewebefestigkeit gebleicht	kg	86,9	72,2	76,6	62,8	57,1	55,4	60,8	53,6	48,1	39,5
Fadenzahl je Streifen		109	108,5	108,5	109	96	94,5	94,5	93,5	94,5	81,5
Rohgarnfestigkeit	g	1657	1412	1276	1099	1099	1657	1412	1276	1099	1099
Ausnützung d. Rohgarnfestigkeit	%	48,1	47,0	55,2	52,4	54,1	35,4	45,6	45,0	46,4	44,1
Garnfestigkeit n.d. Gewebebleiche	g	940	811	814	579	591	967	841	779	611	545
Ausnützung d. Garnfestigk.i. Gewebe	%	84,7	81,9	86,6	99,4	100,8	60,6	76,5	73,6	83,3	89,0

Seite 49

| | Gewebefestigkeit in kg | | | | Ausnutzung der Rohgarnfestigkeit in % | | | |
	stuhlroh		gebleicht		stuhlroh		gebleicht	
	D_1	D_2	D_1	D_2	D_1	D_2	D_1	D_2
Zwirnkette E	108	90	91	69	60	58	47	40
Ia mech. Kette	90	74	76	57	65	62	51	43
Ia Schuß	80	65	67	50	70	66	55	46

Die Ausnutzung der Rohgarnfestigkeit ist also bei den weniger dichten Waren, wie schon im vorigen Abschnitt dargestellt, erheblich niedriger, was besonders bei den gebleichten Geweben deutlich ist, in denen die zu Gunsten der Gewebe mit geringerer Dichte auswirkende bessere Erhaltung der Garnfestigkeit nicht mehr in dem Maße zutage tritt, wie bei den stuhlrohen Geweben. Der Unterschied beträgt für die mittlere Garnqualität 8 Prozentpunkte, d.h., bezogen auf den Ausnützungswert für die weniger dichte Ware 18,5 %. Dies ist die fast gleiche Zahl, die auch für den Ausnutzungsunterschied in den verschiedenen dichten Geweben bei Leinwandbindung gefunden wurde.

Auffällig sind die geringen Werte der Ausnutzung der Rohgarnfestigkeit in den Köpergeweben verglichen mit den bei leinwandbindigen Stoffen gefundenen Zahlen (vergl. Zusammenstellung auf S. 39), trotz der bereits besprochenen geringeren Verluste der Garnfestigkeit. Bei der mittleren Garnqualität Ia mech. Kette und 20,5 Fäden/cm hat das gebleichte Gewebe bei Köperbindung 76 kg Festigkeit bei 51 % Ausnützung der Rohgarnfestigkeit, bei Leinwandbindung dagegen 88 kg bei 60 % Ausnützung. Bei niedrigeren Qualitäten machen sich die Unterschiede noch stärker bemerkbar. Berücksichtigen wir nochmals, daß die Garnfestigkeitsverluste bei Köperbindung demgegenüber merklich unter jenen bei Leinwandbindung lagen, so müssen für die verminderten Werte der Gewebefestigkeit und der Rohgarnausnutzung wesentlich niedrigere Ausnutzungsfaktoren der in den Köpergeweben verbliebenen Fadenfestigkeiten die Schuld tragen. Diese sind in der Tab. IV_2 und Abb. 9, oben, zu finden.

Für die Garnqualität Ia mech. Kette bei Sollfestigkeit (1 360 g roh) können den Schaulinien unter Berücksichtigung der eingetretenen und

jetzt für die verschiedenen Dichten ungleichen Festigkeitsverluste
(für stuhlroh 30 und 26 %, für gebleicht 42,5 und 41,5 %), also für
die verbliebenen Fadenfestigkeiten von 952 und 1007 g in den stuhlrohen
und 780 und 795 g in den gebleichten Geweben - die höheren Werte für
die geringere Gewebedichte -, folgende <u>Ausnutzungsgradwerte der verbliebenen Garnfestigkeiten</u> im Gewebe entnommen werden.

	20,5 Fd/cm	17,5 Fd/cm
Ausnutzung der Garnfestigkeit in %		
stuhlroh	93	84
gebleicht	88	76

Der starke Abfall zwischen dichten und weniger dichten Geweben ist prozentual in fast genau dem gleichen Maße festzustellen, wie bei leinwandbindigen Geweben (vergl. Zusammenstellung auf S. 41). Ein starker Unterschied ist zwischen den Ausnutzungszahlen bei den beiden Bindungsarten vorhanden. Für ein gebleichtes, normal dichtes Gewebe (20,5 Fd/cm) bei Garn Ia mech. Kette ist der Ausnutzungsgrad der verbliebenen Festigkeit bei Köper 88 % gegen 113 % bei Leinwand. Hieraus erklären sich die trotz der geringen Festigkeitsverluste im Garn schlechteren Ausnutzungszahlen der Rohgarnfestigkeit und die Festigkeitseinbußen der Köpergewebe.

Die sich aus Abb. 9, unten, ergebenden und in Tab. IV_3 eingetragenen Anteile der Bindung an den Gewebefestigkeiten betragen je nach Gewebedichte 29 und 22 kg für den stuhlrohen, 25 und 16 kg für den gebleichten Zustand. Die entsprechenden Zahlen für die Leinwandgewebe aus Tab. III_3 lauteten 55 und 40 kg für stuhlroh, 42 und 30 kg für gebleicht. Dies ist ein Rückgang, der über den Abfall der Gewebereißkraft hinausgeht. Nachstehend sind für die Garnqualität Ia mech. Kette die Anteile der Bindung und der Garnfestigkeit an den Festigkeiten der Köpergewebe (aus Zusammenstellung auf S. 50) gegenübergestellt.

Der Vergleich mit der Zusammenstellung auf S. 41 zeigt, wie stark neben den absoluten Werten der Bindungskraft auch der prozentuale Anteil der Bindung an der Gewebefestigkeit bei den Köpergeweben zurücktritt, z.B. bei den gebleichten Geweben der Garnqualität Ia mech. Kette auf

		20,5 Fd/cm	17,5 Fd/cm
stuhlroh			
Anteil der Bindung	%	32	29
Anteil d.Garnfestigkeit	%	68	70
gebleicht			
Anteil der Bindung	%	33	28
Anteil d.Garnfestigkeit	%	67	72

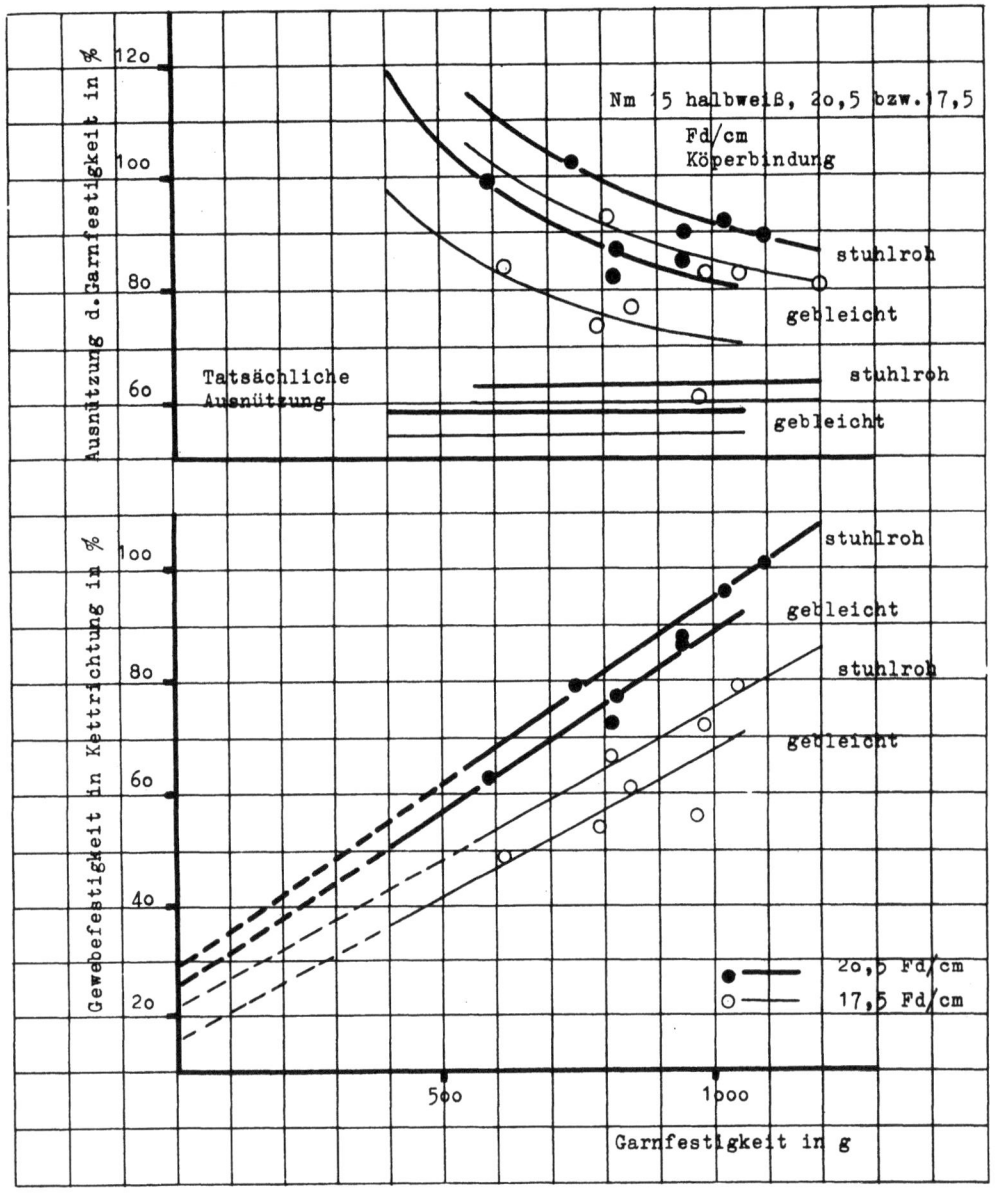

A b b i l d u n g 9

Ausnützung der Kettgarnfestigkeit

Tabelle IV₃: nach Abb. 9

Gewebe Nr.	9	1o	11	12	13	14	15	16
Garnbezeichnung	Kt.1	Kt.2	Kt.3	Kt.4	Kt.1	Kt.2	Kt.3	Kt.4
Gewebefestigkeit stuhlroh kg	1o1,o	96,o	9o,5	77,5	85,o	77,o	74,o	64,5
Anteil der Bindung kg	29,o	29,o	29,o	29,o	22,o	22,o	22,o	22,o
Anteil d.Garnfestigk. kg	72,o	67,o	61,5	48,5	63,o	55,o	52,o	42,5
Garnfestigk.n.d.Weben g	1o96	1o18	941	741	1191	1o42	981	8o2
Mittl.Fadenzahl je Streifen	1o2,5	1o2,5	1o2,5	1o2,5	88,5	88,5	88,5	88,5
Tatsächl.Ausnützung d. Garnfestigk.i.Gewebe %	64,1	64,1	63,7	63,9	59,7	59,6	59,8	59,7
Gewebefestigkeit gebleicht kg	85,o	76,5	77,o	62,o	65,5	59,o	56,o	47,5
Anteil der Bindung kg	25,o	25,o	25,o	25,o	16,o	16,o	16,o	16,o
Anteil d.Fadenfestigk.kg	6o,o	51,5	52,o	37,o	49,5	43,o	4o,o	31,5
Garnfestigk. n.d. Gewebebleiche g	94o	811	814	579	967	841	779	611
Mittl. Fadenzahl je Streifen	1o9	1o9	1o9	1o9	94,5	94,5	94,5	94,5
Tatsächl. Ausnützung d. Garnfestigk.i.Gewebe %	58,5	58,2	58,5	58,5	54,1	54,1	54,4	54,4

33 bzw. 28 % von 48 bzw. 46 % bei Leinwand. Die weniger dichte Ware hat auch hier die geringeren Werte.

Ein Unterschied zwischen stuhlrohen und gebleichten Geweben hinsichtlich der Aufteilung der Gewebefestigkeit ist wiederum nicht feststellbar.

Es bleibt noch die <u>tatsächliche Ausnutzung</u> der erhalten gebliebenen Garnfestigkeit festzustellen, die sich gemäß Tab. IV_3 und wie in Abb. 9, oben, eingetragen zu 63 und 60 % bei den stuhlrohen und zu 58,5 und 54 % bei den gebleichten Geweben ergibt, wobei - wie bereits bei leinwandbindigen Geweben erwiesen - die geringeren Zahlen den weniger dichten Waren zugehören. Der Vergleich zwischen Köper und Leinwand zeigt nur im stuhlrohen Zustand einen gewissen Unterschied in den prozentualen Werten der tatsächlichen Garnausnutzung zugunsten der Leinwandbindung. Die im Vergleich mit den Leinwandgeweben geringeren Festigkeiten und damit Garnfestigkeitsausnutzungen bei Köperbindung sind somit zumindest im gebleichten Gewebe völlig auf die schwächere Wirkung der Bindung zurückzuführen.

In Zusammenfassung des letztbeschriebenen Versuchsabschnittes, der sich mit verschieden dichten Köpergeweben befaßte, kann gesagt werden, daß die bei leinwandbindigen Stoffen gemachten Beobachtungen über die bessere Garnausnutzung bei dichten Geweben sich vollauf bestätigt haben, wenngleich die Garnfestigkeitsverluste bei den Köperversuchen einen Vorteil für die weniger dichten Gewebe aufwiesen. Verglichen mit der Leinwandbindung, war ein deutlicher Rückgang der Ausnutzungsfaktoren festzustellen, obwohl die Garne bei der Verarbeitung zu Köpergeweben erheblich geringere Festigkeitsverluste zu erleiden hatten. Die schlechtere Garnausnutzung bei Köpergeweben ist fast ausschließlich auf den zurückgehenden Anteil der Gewebebindung zurückzuführen.

5. <u>Garn: Nm 21 = Ne_L 35, 1/2-weiß; Gewebe: Leinwand 24 Fd/cm, stuhlroh und gebleicht (Vers. 25 - 28)</u>

Diese Reihe umfaßt Versuche, die denen der Nummern 1 - 4 (mit Nm 15 und 20,5 Fd/cm) analog sind, jedoch unter Verwendung eines feineren Garnes (Nm 21) und einer derart gewählten höheren Fadenzahl je cm

(24 Fd/cm), daß in beiden Fällen die gleiche relative Dichte erzielt wurde. Es handelt sich also um eine Versuchsreihe, die vergleichsweise den Einfluß der Garnnummer auf die Ausnutzung der Garnfestigkeit demonstrieren sollte.

Es muß leider gesagt werden, daß die erzielten Resultate dieser Versuchsreihe für eine weitgehende Analyse der Ausnutzungsverhältnisse, wie sie bisher geübt werden konnte, nicht ausreichend waren. Dies liegt vor allem daran, daß die uns zur Verfügung gestandenen Garne in ihrer Qualität - sprich Festigkeit - nicht genügend Abstand voneinander hatten und insgesamt einen zu kleinen Bereich repräsentierten, so daß die unvermeidliche Streuung sich außerordentlich störend bemerkbar macht und die Interpolation, d.h., die Konstruktion der Festigkeitsgeraden und Ausnutzungslinien sehr problematisch wird. In Tab. V_1 und V_2 sind Garn- und Gewebefestigkeiten so, wie sie gemessen sind, eingetragen. Die Meßwerte sind auch in Abb. 1o übernommen, soweit es die Darstellung der Garnfestigkeitsverluste und der Gewebefestigkeiten über der Rohgarnfestigkeit betrifft. Für die Errechnung und graphische Illustration der Rohgarnfestigkeitsausnutzung wurden aber die den gezeichneten Festigkeitsgeraden entnommenen Gewebefestigkeiten verwandt. Die sich unter Benutzung der Meßwerte selbst ergebenden Zahlen lassen infolge Streuung und Zusammenballung auf engem Bereich eine sinngemäße Entwicklung der Ausnutzungslinien nicht zu. Die erhaltenen Werte wurden in Tab. V_2 eingeklammert eingetragen.

<u>Die Garnfestigkeitsverluste</u> nach der Garnvorbleiche lagen, wie aus Tab. V_1 und Abb. 1o, unten, ersichtlich, im Mittel bei 15 %, nach dem Weben bei 34 % und nach der Gewebebleiche bei 45,5 %. Eine Tendenz für die Abhängigkeit von der Garnqualität war nicht gegeben. Auch hier konnten sie deshalb als parallele Linien über der Rohgarnfestigkeit erscheinen, somit als konstant angesehen werden. Im Vergleich mit denen der Versuche 1 - 4 deuten die festgestellten Verlustwerte nicht auf sehr starke Verschiedenheiten, bedingt durch die Garnnummern, hin. Sie liegen aber im ganzen gesehen für das feinere Garn doch etwas niedriger, entsprechend einem bereits bei der Garnvorbleiche in diesem Sinne aufgetretenen Verlustunterschied. Diese Abweichung ist durchaus wahrscheinlich und entspricht der Vorstellung, daß das feinere, wertvollere Garn, seinem Material und seinem Aufbau entsprechend, der Bleiche weniger zu

Tabelle V_1

Gewebe Nr.		25	26	27	28	25-28
Garnbezeichnung		Kt.5	Kt.6	Kt.7	Kt.8	Sch.8
Rohgarnfestigkeit	g	1037	953	919	865	865
Garnfestigkeit nach der Garnbleiche	g	871	768	815	751	751
Festigkeitsverlust n.d. Garnbleiche	%	16,2	19,4	11,3	13,2	13,2
Garnfestigkeit nach dem Weben	g	674	598	613	596	621
Festigkeitsverlust nach dem Weben	%	35,0	37,2	33,3	31,1	28,2
Garnfestigkeit nach der Gewebebleiche	g	565	498	535	468	574
Festigkeitsverlust n.d. Gewebebleiche	%	45,5	47,8	41,9	46,0	33,6

Tabelle V_2

Gewebe Nr.		25	26	27	28	25-28
Garnbezeichnung		Kt.5	Kt.6	Kt.7	Kt.8	Sch.8
Gewebefestigkeit stuhlroh	kg	109,1	96,2	97,8	92,0	102,1
Fadenzahl je Streifen		122	123	122,5	121,5	118,5
Rohgarnfestigkeit	g	1037	953	919	865	865
Ausnützung der Rohgarnfestigkeit	%	(83,3)	(85,0)	(86,5)	(89,0)	99,5
Gewebefestigkeit gebleicht	kg	95,3	81,2	79,1	73,5	72,5
Fadenzahl je Streifen		130,5	131	132	131	113
Rohgarnfestigkeit	g	1037	953	919	865	865
Ausnützung der Rohgarnfestigkeit	%	(65,3)	(66,7)	(66,8)	(69,1)	74,2

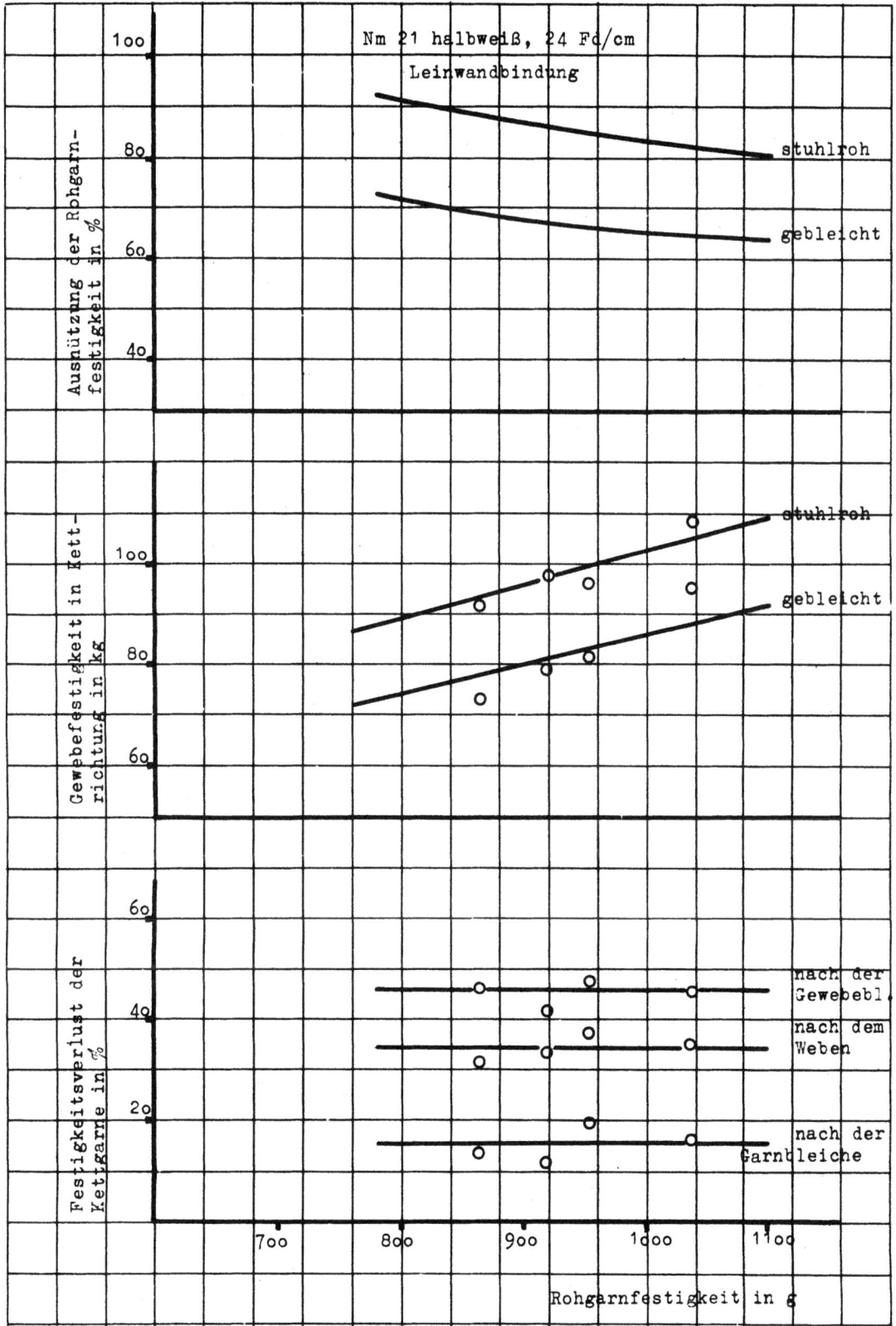

A b b i l d u n g 1o

Ausnützung der Kettgarnfestigkeit

opfern hat. Im Endeffekt war aber im gebleichten Gewebe der Verlust mit 45,5 % gegenüber 48 % bei Garn Nm 15 nicht von überzeugender Differenz. Doch muß die im ganzen aufgetretene und, wie gesagt, auch wahrscheinliche Tendenz im oben erwähnten Sinn festgehalten werden.

Die sich aus Tab. V_2 und Abb. 1o, Mitte und oben, ergebenden Gewebefestigkeiten und <u>Ausnutzungszahlen der Rohgarnfestigkeit</u> seien anschliessend für die Sollfestigkeiten der Garnqualitäten Ia mech. Kette und IIa Schuß (bei Ne_L 35: 97o und 8oo g) zusammengestellt.

	Gewebefestigkeit in kg		Ausnutzung der Rohgarnfestigkeit in %	
	stuhlroh	gebleicht	stuhlroh	gebleicht
Ia mech. Kette	1o1	84	85	66
IIa Schuß	89	74	91	71

Der Vergleich der Ausnutzungswerte mit denen in Zusammenstellung auf S. 39 für 2o,5 Fd/cm enthaltenen zeigt die Überlegenheit des feinfädigeren Gewebes. Die Ausnutzung der Rohgarnfestigkeit z.B. für Qualität Ia mech. Kette wurde in den stuhlrohen Geweben mit 77 % bei Nm 15 und mit 85 % bei Nm 21, in den gebleichten Geweben mit 6o % bei Nm 15 und 66 % bei Nm 21 festgestellt.

Wir wissen bereits, daß dieser Vorteil des feineren Garnes wenigstens zu einem Teil auf dessen geringere Verluste zurückgeht. Inwieweit darüber hinaus auch die Ausnutzung der in den Geweben verbliebenen Festigkeit, also bei Betrachtung der Verhältnisse unter Ausschluß der Festigkeitsverluste, einen Vorteil für das feinere Garn zeigt, mußte im vorliegenden Fall mit Rücksicht auf die Mängel des Versuches auf einem Umweg festgestellt werden. Die Untersuchung der aus den Garnen herauspräparierten Fäden auf die ihnen noch innewohnende Festigkeit hin hatte Resultate zur Folge, die aus den schon geschilderten Gründen zu großer Streuung nicht ohne weiteres zur Ermittlung der Ausnutzungswerte herangezogen werden konnten. Es wurde deshalb in Tab. V_{2a} derart verfahren, daß die dort eingetragenen Gewebefestigkeiten aus den Festigkeitsgeraden der Abb. 1o, mittleres Bild, entnommen und die Garnfestigkeiten im Gewebe aus den zugehörigen Werten der Rohgarnfestigkeit unter Abrechnung

der zugehörigen Verluste nach Abb. 1o, unten, errechnet wurden. Der
prozentuale Vergleich, unter Einschaltung einer mittleren Fadenzahl/
Streifen, ergab in bekannter Weise die in Tab. V_{2a} ferner enthaltenen
Zahlen für die <u>Ausnutzungsfaktoren</u> der in den Geweben verbliebenen
<u>Garnfestigkeit.</u>

Ebenso können für den Vergleich mit der Versuchsreihe 1 - 4 und Garn
Nm 15 die Ausnützungszahlen für Qualität Ia mech. Kette (für Nm 21:
97o g roh) rechnerisch ermittelt werden. Sie ergeben sich zu 13o %
für das stuhlrohe und zu 121 % für das gebleichte Gewebe. Die entsprechenden Zahlen für das gröbere Garn lauteten 132 und 113 % (vergl. Zusammenstellung auf S. 41, wobei die Werte für 2o,5 Fd/cm gelten).

<u>T a b e l l e V_{2a} : nach Abb. 1o</u>

Gewebe Nr.	25	26	27	28	25-28
Garnbezeichnung	Kt.5	Kt.6	Kt.7	Kt.8	Sch.8
Rohgarnfestigkeit g	1o37	953	919	865	865
Gewebefestigkeit stuhlroh kg	1o5,5	99,5	97,5	94,0	1o2,1
Fadenzahl je Streifen	122	122	122	122	118,5
Garnfestigkeit nach dem Weben g	684	628	6o6	571	621
Ausnützung der Garnfestigkeit i.Gewebe %	126,5	129,9	132,0	135,0	138,8
Gewebefestigkeit gebleicht kg	88,5	83,5	81,0	78,5	72,5
Fadenzahl je Streifen	131	131	131	131	113
Garnfestigkeit nach der Gewebebleiche g	565	518	5o1	471	574
Ausnützung der Garnfestigkeit i.Gewebe %	119,6	123,2	123,6	127,5	111,7

Es scheint also auch die Ausnutzung der noch im Gewebe vorhandenen
Garnfestigkeit bei der feinfädigeren Ware eine bessere zu sein. Die
diesbezüglich sehr deutliche Differenz bei den gebleichten Geweben
läßt über die Unsicherheit des Vergleichs bei den stuhlrohen Waren
hinweggehen.

Die Überlegenheit der stuhlrohen Ware hinsichtlich der Höhe der Garnausnutzung, verglichen mit den gebleichten Geweben, bestätigt sich auch in dieser Versuchsreihe mit dem feineren Garn.

Weitere Ermittlungen erscheinen angesichts der beschränkt und deshalb unzulänglich auswertbaren Ergebnisse nicht angezeigt.

Es wurde bereits auf die eingetretenen Schwierigkeiten hingewiesen, die Festigkeitsgeraden aufgrund der eng zusammenliegenden Bezugspunkte zu konstruieren. Es konnte deshalb erst recht nicht gewagt werden, sie bis an die Nullinie der Garnfestigkeit zu verfolgen, um in der mehrfach beschriebenen Weise die Aufteilung der Gewebefestigkeit nach den Anteilen der Bindung und der "tatsächlichen Ausnutzung" der Fäden zu ermitteln. Aus den Resultaten, die bei dem Vergleich verschiedener Dichten in den vorausgegangenen Abschnitten gewonnen wurden, ist anzunehmen, daß die Überlegenheit der Garnausnützung bei den feinfädigen Geweben sowohl auf eine bessere Bindewirkung, als auch auf ein einheitlicheres Verhalten der Fäden bei der Beanspruchung ("tatsächliche Ausnutzung") zurückzuführen ist, entsprechend einer größeren Zahl der Fäden je Längeneinheit.

Die Ergebnisse der letztbeschriebenen Versuchsreihe lassen die Zusammenfassung zu, daß die Ausnutzung der Rohgarnfestigkeit bei Geweben mit feineren Garnnummern höher ist als in gröberen Geweben gleicher relativer Dichte. Die höhere Ausnutzung geht teilweise auf geringere Garnfestigkeitsverluste zurück. Darüber hinaus ist aber auch die Ausnutzung der im Gewebe verbliebenen Garnfestigkeit bei der höheren Garnnummer besser. Alle anderen Beobachtungen, so auch die Unabhängigkeit der Garnfestigkeitsverluste von der Garnqualität und die Überlegenheit der stuhlrohen Gewebe gegenüber den gebleichten hinsichtlich der Ausnutzung, bestätigen sich bei der Untersuchung der feinfädigeren Streifen.

6. **Garn: Kette Baumwolle Nm 2o = Ne_B 12, roh, Schuß: Flachs Nm 21 = Ne_L 35, 1/2-weiß; Gewebe: Leinwand, 24 Fd/cm, stuhlroh und gebleicht (Vers. 41 und 42)**

Um die bei Baumwollkettgarnen während der Verarbeitung auftretenden Verluste und die Ausnutzungsfaktoren der Garnfestigkeit im Vergleich zu Leinengarnen kennenzulernen, wurden 2 orientierende Versuche mit

Halbleinen durchgeführt, wobei in 2 Baumwollketten unterschiedlicher
Garnqualität Flachsgarn eingeschossen wurde. Die Nummer der Kettgarne
(Nm 2o = Ne_B 12) wurde so gewählt, daß sie etwa der Flachsgarnnummer
der Versuche 25 - 28 (Nm 21 = Ne_L 35) entsprach. Es wurde auch das
gleiche Leinenschußgarn Sch. 8 verwendet und dieselbe Fadendichte
(24 Fd/cm) eingehalten.

Es handelt sich dabei lediglich um Einzelversuche, nicht um eine vollständige Reihe mit mehreren abgestuften Rohgarnfestigkeiten, so daß
keine Möglichkeit bestand, Streuungen auszugleichen oder Gesetzmäßigkeiten zu erkennen. Die Betrachtung des Schußgarnes bleibt zunächst
auch hier noch zurückgestellt.

Tab. VI_1 läßt die Verluste der Kettgarne BW 1 und BW 2 erkennen. Ein
Verlust durch die Garnbleiche fällt bei der Baumwolle weg, da sie vergleichsweise zu einem halbweißen Flachsgarn roh verwebt wurde. Durch
das Weben erhielten die BW-Kettgarne sogar eine Festigkeitszunahme.
Ein Verlust ließ sich jedenfalls im starken Gegensatz zu Leinengarnen
nicht feststellen. Dementsprechend war die gesamte Festigkeitsschwächung
nach der Gewebebleiche mit im Mittel ca. 13 % sehr viel geringer, als
wir sie im analogen Fall vom Leinengarn her kennen. Der Verlust nach
der Gewebebleiche betrug bei Leinenkettgarn der Versuche 25 - 28 45,5 %.

Die Ausnutzungsfaktoren der Rohgarnfestigkeit nach Tab. VI_2 liegen bei
den verwendeten Baumwollgarnen um 1oo % stuhlroh und um 8o % gebleicht.
Aus Abb. 1o für die analogen Versuche mit Flachskettgarnen - die Schaulinien müssen dabei allerdings nach den niedrigeren Garnfestigkeiten
hin verlängert gedacht werden - ergeben sich für ein Flachsgarn mit
68o g entsprechend der mittleren Festigkeit der Baumwollgarne ganz
ähnliche Zahlen, geschätzt ebenfalls mit 1oo bzw. 8o %.

Dies überrascht angesichts der geringen, bei der Verarbeitung eintretenden Verluste der Garnfestigkeit bei der Baumwolle, verglichen mit
Flachs, und läßt darauf schließen, daß die Ausnutzung der verbliebenen
Garnfestigkeit geringer ist. Tatsächlich errechnet sie sich nach Tab.
VI_2 mit im Mittel 97 % bei den stuhlrohen und 92 % bei den gebleichten
Geweben. Diese Zahlen sind niedriger als die für das Leinengarn gleicher Festigkeit im Gewebe in Frage kommenden, welche wir anhand der
Tab. V_{2a} mit ca. 12o bzw. 11o % nicht zu hoch schätzten.

Tabelle VI₁

Gewebe Nr.		41	42	41 - 42
Garnbezeichnung		Kt.BW 1	Kt.BW 2	Sch. 8
Rohgarnfestigkeit	g	728	608	865
Garnfestigkeit nach der Gewebebleiche	g			751
Festigkeitsverlust nach der Garnbleiche	%			13,2
Garnfestigkeit nach dem Weben	g	762	631	576
Festigkeitsverlust nach dem Weben	%	- 4,7	- 3,8	33,4
Garnfestigkeit nach der Gewebebleiche	g	610	551	482
Festigkeitsverlust nach der Gewebebleiche	%	16,2	9,4	44,3

Wir müssen uns mit dieser Feststellung zunächst begnügen, dabei aber nicht versäumen, in Betracht zu ziehen, daß es sich bei den Versuchsgeweben um solche mit 2 verschiedenen Garnkomponenten, nämlich einem Baumwoll- und einem Flachsgarn (Halbleinen) handelt. Eine Erklärung für das schlechte Abschneiden der Baumwollgarne hinsichtlich der Ausnutzung ihrer Festigkeit kann darin gesucht werden, daß das schmiegsamere Baumwollgarn von dem härteren Leinenschußgarn bei der Beanspruchung am einheitlichen Verhalten der Fäden stärker gehindert wird, als dies in einem Gewebe mit gleichartigen Garnen der Fall sein kann. Bei der Besprechung der Schußgarnausnützung wird auf diesen Fall noch zurückzukommen sein.

b) Ausnutzung der Schußgarne

Die nächst zu besprechenden Versuchsreihen 7 und 8 dienen den Untersuchungen über die Ausnutzung der Schußgarne. Die Auswertung der Ergebnisse erfolgte in der gleichen Weise wie bei der Betrachtung der Kettgarnausnutzung. Somit war es erforderlich, Gewebe mit Schußgarnen verschiedener Qualität

Forschungsberichte des Wirtschafts- und Verkehrsministeriums Nordrhein-Westfalen

Tabelle VI$_2$

Gewebe Nr.		41	42	41-42
Garnbezeichnung		Kt.BW 1	Kt.BW 2	Sch. 8
Gewebefestigkeit stuhlroh	kg	88,2	77,9	118,8
Fadenzahl je Streifen		123,5	123,5	124,5
Rohgarnfestigkeit	g	728	608	865
Ausnützung der Rohgarnfestigkeit	%	98,1	103,8	110,3
Garnfestigkeit nach dem Weben	g	762	631	576
Ausnützung der Garnfestigk. i. Gewebe	%	93,7	100,0	165,5
Gewebefestigkeit gebleicht	kg	78,7	64,1	83,2
Fadenzahl je Streifen		132	133	117,5
Rohgarnfestigkeit	g	728	608	865
Ausnützung der Rohgarnfestigkeit	%	81,9	79,3	81,9
Garnfestigkeit nach der Gewebebleiche	g	610	551	482
Ausnützung der Garnfestigk. i. Gewebe	%	97,8	87,7	146,9

unter Verwendung eines gleichbleibenden Kettgarns herzustellen und der Prüfung zuzuführen. Die erwähnten Reihen 7 und 8 entsprechen diesbezüglich den bereits erläuterten Versuchsreihen 3 und 4, wobei als 4 verschiedene Schußgarne jene Qualitäten verwendet wurden, die bei den letztgenannten Reihen als Kettgarne benutzt worden waren. Es entsprechen also die Schußqualitäten Sch.1 - Sch.4 (siehe folgende Tabellen) den Garnen Kt.1 - Kt.4 der bereits besprochenen Versuche. Als Kette fand in allen Versuchsfällen das uns bereits bekannte Garn Kt.2 Verwendung.

Es ist nötig, gleich zu Beginn zu sagen, daß die Auswertung von Prüfungen, die Schußgarne bzw. Schußfäden und die Schußrichtung eines Gewebes betreffen, stets problematischer ist als solche von Kettfäden und in Kettrichtung. Die Erfassung richtiger Mittelwerte ist schwieriger, selbst wenn die Zahl der einzelnen Untersuchungen und Reißungen in Schußrichtung erhöht wird. Die Streuung der Ergebnisse ist ungleich größer. Dies hängt damit zusammen, daß bei Prüfungen von den in Kettrichtung liegenden Fäden eines Gewebes ein besserer Durchschnitt einer Garnpartie erhalten wird als bei analogen Untersuchungen der Gewebestücke in Schußrichtung. Wir haben also den Untersuchungsergebnissen, die in diesem Abschnitt geschildert werden, ein größeres Maß an Toleranz zuzubilligen als jenen, die wir für die Ausnützung der Kettgarne fanden.

Auch bei der Betrachtung der Schußgarne bzw. der Gewebe in Schußrichtung handelt es sich darum, um es zu wiederholen, die Verluste der Garnfestigkeit in der Weberei und in der Gewebebleiche festzustellen und die Ausnutzung der Garnfestigkeit zu bestimmen. Dabei interessieren auch hier die Ausnutzung der Rohgarnfestigkeit und der im Gewebe verbliebenen Festigkeit der Fäden. Weiterhin interessiert die Aufteilung der Gewebefestigkeit, hier in Schußrichtung, in ihre 2 Komponenten, deren eine durch die Bindung der Kett- und Schußfäden, die andere durch die Festigkeit der Schußfäden bestimmt ist. Schließlich wird - jetzt in Schußrichtung der Gewebe - die tatsächliche Ausnützung der Garnfestigkeit, nämlich der Quotient zwischen dem durch die Schußgarnfestigkeit bedingten Gewebefestigkeitsanteil und der verbliebenen Garnfestigkeit unter Berücksichtigung der Fadenzahl zu bestimmen sein.

7. <u>Garn: Nummer Nm 15 = Ne_L 25, 1/2-weiß; Gewebe: Leinwand, 20,5 und 17,5 Fd/cm[1], stuhlroh und 4/4-weiß (Vers. 29 - 31 und 2, 32 - 34 und 6)</u>

Die Tabellen VII_1 - VII_3 und die graphischen Abb. 11 und 12 geben die

---

[1] Die Dichten konnten in Schußrichtung nur annähernd eingehalten werden. Die Angaben beziehen sich auf den stuhlrohen Zustand der Gewebe. Nach der Bleiche ergab sich in Schußrichtung stets eine geringere, in Kettrichtung eine höhere Fadenzahl je cm. Deshalb ist der unmittelbare Vergleich der absoluten Gewebefestigkeiten in Kett- und Schußrichtung (ohne Umrechnung auf gleiche Fadenzahl) nur unter Inkaufnahme eines Fehlers möglich, der bei unseren Versuchsgeweben in der Größenordnung von 15 % liegt. Siehe demgegenüber Tab. X. Die dort eingetragenen kg-Werte der Gewebefestigkeit sind in Kett- und Schußrichtung auf gleiche Fadenzahl bezogen.

Forschungsberichte des Wirtschafts- und Verkehrsministeriums Nordrhein-Westfalen

Untersuchungsergebnisse dieser doppelten Versuchsreihe wieder, bei der ein Kettgarn Kt.2 mit 4 verschiedenen Schußgarnen Sch.1 - Sch.4 unter Einhaltung von zwei verschiedenen Dichten (20,5 und 17,5 Fd/cm) verwebt wurde.

Die Tabellen enthalten zunächst die Rubriken für die Schußgarne, für die zusammengehörenden Versuche aber auch eine gemeinsame Spalte für das Kettgarn bzw. die Kettrichtung der Gewebe, welche auch diesmal in beiden Richtungen untersucht wurden.

Die "Kettspalte" enthält die Mittelwerte aus allen Prüfungen einer Reihe, ebenso wie die "Schußspalte" bei den Versuchen mit Kettgarnvariation, denn in beiden Fällen handelt es sich innerhalb der Versuche um unverändert gleichbleibendes Garn.

Die Festigkeitsverluste der Schußgarne (siehe Tab. VII_1 und Abb. 11, unten) in der Vorbleiche sind bereits bekannt. Sie wurden in Abschn. 3 und 4 bei den Versuchen geschildert, bei denen diese Garne als Kette Verwendung fanden. Sie wurden für alle Qualitäten mit rd. 18 % festgestellt.

Die Festigkeitsverluste nach dem Weben streuen stark, aber ohne Tendenz, und wurden für beide Dichten praktisch ohne Unterschied mit 34,5 bzw. 35 %, bezogen auf die Rohgarnfestigkeit, im Mittel für alle Garne gefunden. Dieses bedeutet also einen Verlust von rd. 17 % der Rohgarnfestigkeit in der Weberei bzw. von 21 %, bezogen auf die Festigkeit der zur Verarbeitung gekommenen vorgebleichten Garne. Es zeigt sich also, daß auch die Schußgarne durch die Fertigungsgänge in der Weberei einem sehr gewichtigen Festigkeitsverschleiß unterworfen sind.

Die Festigkeitsverluste der Garne nach der Gewebebleiche fielen für beide Gewebedichten unerwarteterweise und auch im Gegensatz zu den Verlusten in der stuhlrohen Ware sehr verschieden aus. Sie wurden bei ebenfalls erheblicher Streuung mit nur rd. 37 % bei den dichten und rd. 42 % der Rohgarnfestigkeit bei den weniger dichten Geweben ermittelt. Hier handelt es sich offenbar um ein der Norm nicht entsprechendes Zufallsergebnis. Die aufgetretene Differenz zugunsten gerade der dichten Ware ist ebenso unwahrscheinlich wie der nur geringe, fast innerhalb der Fehlergrenze liegende Unterschied der Fadenfestigkeiten in den stuhlrohen und in den gebleichten Geweben. Auch die weiteren

Untersuchungs- bzw. Auswertungsergebnisse lassen es, wie noch zu zeigen sein wird, richtig erscheinen, die höhere Zahl von 42 % für beide Fälle als Größenordnung für den Verlust der Rohgarnfestigkeit nach der Gewebebleiche zu akzeptieren.

Tab. VII$_2$ und Bild 11 (Mitte und oben) zeigen die Zahlenwerte für die Gewebefestigkeiten stuhlroh und gebleicht und die zugehörigen Ausnutzungsfaktoren der Rohgarnfestigkeit, beide in Abhängigkeit von der letzteren. Es braucht im einzelnen nicht darauf eingegangen zu werden, daß auch für den Schuß und die Schußrichtung im Gewebe die gleiche Form dieser Abhängigkeiten besteht wie bei der Kette in deren Geweberichtung, bildlich dargestellt als in Richtung geringerer Garnfestigkeit geneigte Geraden (Gewebefestigkeit) und in Richtung höherer Garnfestigkeit abfallende Hyperbeln (Ausnutzung). Die Einzelwerte und die Linien liegen für die gebleichten Gewebe schon infolge der in der Gewebenachbleiche auftretenden Garnfestigkeitsverluste jeweils unter denen der zugehörigen stuhlrohen Gewebe. Die weniger dichte Ware ist, nicht nur ihrer Festigkeit nach, was selbstverständlich ist, sondern auch hinsichtlich der Ausnutzung der Rohgarnfestigkeit den dichteren Geweben unterlegen.

Die entsprechenden Zahlen aus den Schaulinien der Abb. 11 seien für die Sollfestigkeiten der Garnqualitäten, Zwirnkette E, Ia mech. Kette und IIa Schuß[1]) (1 760, 1 360, 1 120 g) nachstehend genannt. Dabei bedeutet D_1 die Dichte von 20,5 Fd/cm, D_2 die Dichte von 17,5 Fd/cm.

Garnqualität	Gewebefestigkeit in kg				Ausnutzung der Rohgarnfestigk. in %			
	stuhlroh		gebleicht		stuhlroh		gebleicht	
	D_1	D_2	D_1	D_2	D_1	D_2	D_1	D_2
Zwirnkette E	124	87	96	72	7o	58	58	5o
Ia mech. Kette	1o7	73	83	61	79	63	64	54
IIa Schuß	97	65	75	54	87	68	71	59

---

[1]) Diese Bezeichnungen sind an dieser Stelle nur als reine Qualitätsnamen zu werten. In allen Fällen handelt es sich hier um die Verwendung entsprechend fester Garne als Schußgarne.

T a b e l l e VII$_1$

Gewebe Nr.	29	30	31	2	29-2	32	33	34	6	32-6
Garnbezeichnung	Sch.1	Sch.2	Sch.3	Sch.4	Kt.2	Sch.1	Sch.2	Sch.3	Sch.4	Kt.2
Rohgarnfestigkeit g	1657	1412	1276	1099	1412	1657	1412	1276	1099	1412
Garnfestigkeit n.d.Garnbleiche g	1329	1157	1055	918	1157	1329	1157	1055	918	1157
Festigkeitsverlust n.d.Garnbleiche %	19,8	18,1	17,3	16,5	18,1	19,8	18,1	17,3	16,5	18,1
Garnfestigkeit nach dem Weben g	1046	829	916	754	884	1052	888	943	661	860
Festigkeitsverlust nach dem Weben %	36,8	41,2	28,2	31,4	37,4	36,5	37,2	26,2	39,9	39,0
Garnfestigkeit n.d.Gewebebleiche g	1019	869	895	658	737	934	841	799	571	745
Festigkeitsverlust n.d.Gewebebleiche %	38,6	38,5	29,9	40,2	47,8	43,7	40,4	36,3	48,0	47,2

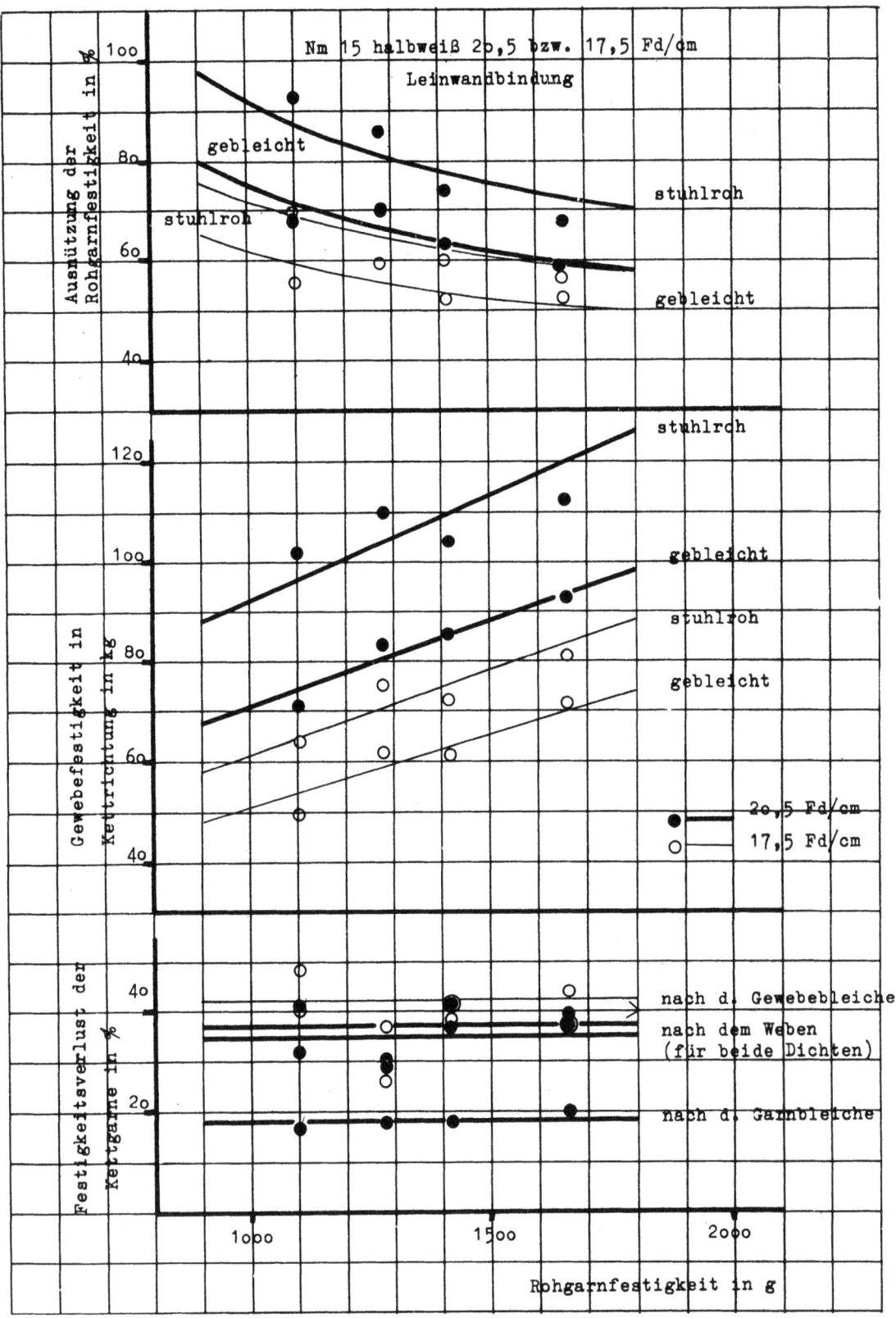

Abbildung 11

Ausnützung der Schußgarnfestigkeit

Tabelle VII$_2$

Gewebe Nr.		29	30	31	2	29-2	32	33	34	6	32-6
Garnbezeichnung		Sch.1	Sch.2	Sch.3	Sch.4	Kt.2	Sch.1	Sch.2	Sch.3	Sch.4	Kt.2
Gewebefestigkeit stuhlroh	kg	112,4	1o3,8	1o9,6	1o1,8	111,9	8o,4	71,9	75,1	63,9	86,4
Fadenzahl je Streifen		1oo	99	1oo	1oo	1o2,5	84,5	84,5	84	84	89
Rohgarnfestigkeit	g	1657	1412	1276	1o99	1412	1657	1412	1276	1o99	1412
Ausnützung der Rohgarnfestigkeit	%	67,9	74,2	85,8	92,7	77,3	57,3	6o,2	7o,1	69,2	68,7
Garnfestigkeit n.d. Weben	g	1o46	829	916	754	884	1o52	888	943	661	86o
Ausnützung der Garnfestigk.i.Gewebe	%	1o7,7	126,2	119,6	135,1	123,5	9o,2	95,9	94,7	115,1	112,9
Gewebefestigkeit gebleicht	kg	92,1	84,9	83,1	7o,9	91,4	71,o	6o,3	61,6	49,7	69,2
Fadenzahl je Streifen		94,5	95	93,5	94	1o9	82	81,5	81,5	81	94
Rohgarnfestigkeit	g	1657	1412	1276	1o99	1412	1657	1412	1276	1o99	1412
Ausnützung der Rohgarnfestigkeit	%	58,9	63,3	69,7	68,6	59,4	52,3	52,4	59,2	55,9	52,1
Garnfestigkeit n.d.Gewebebleiche	g	1o19	869	895	658	737	934	841	799	571	745
Ausnützung der Garnfestigk.i.Gewebe	%	95,8	1o3,o	99,2	114,6	114,o	92,7	88,o	94,6	1o7,6	98,8

Der Unterschied in der Ausnützung zuungunsten der weniger dichten Fadeneinstellung beträgt demnach für ein Schußgarn mit der mittleren der oben angegebenen Festigkeiten im gebleichten Gewebe 1o Prozentpunkte, d.h., bezogen auf die Ausnützung im weniger dichten Gewebe rd. 18,5 %, liegt also in der gleichen Größenordnung wie der im analogen Fall für Kettgarne gefundene (18 %). Auch der Rückgang der Ausnützungswerte durch die Gewebebleiche liegt im gleichen Rahmen.

Tab. VII_2 enthält auch die in den stuhlrohen und gebleichten Geweben <u>verbliebenen Garnfestigkeiten und ihre prozentuale Ausnutzung</u>. Die Gewebefestigkeiten und die letztgenannten Ausnutzungszahlen sind in der Abb. 12 über der Fadenfestigkeit im Gewebe aufgetragen. Auch bei den Ausnutzungsfaktoren der im Gewebe vorhandenen Garnfestigkeit sind die Unterschiede zwischen stuhlrohen und gebleichten, sowie zwischen dichten und weniger dichten Geweben jeweils zugunsten der erstgenannten vorhanden, wie wir dies bereits von den Kettgarnen kennen. Für die Garnqualität Ia mech. Kette (Sollfestigkeit 1 36o g roh), die hier ebenfalls - wenn auch als Schußgarn nicht üblich - als Standard angenommen sei, um eine Vergleichsmöglichkeit mit den Untersuchungsergebnissen an Kettgarnen zu haben, ergeben sich die Ausnutzungswerte und ihre Unterschiede wie folgt, wenn die Garnfestigkeitsverluste entsprechend Abb. 11, unten, in Betracht gezogen werden, somit bei den Garnfestigkeiten 89o bzw. 884 g für stuhlroh und 856 bzw. 787 g für gebleicht.

	2o,5 Fd/cm	17,5 Fd/cm
Ausnutzung der Garnfestigkeit in %		
stuhlroh	121	99
gebleicht	(1o2)	95

Die Überlegenheit der dichten Ware ist offensichtlich, um so mehr, als das erstgenannte gebleichte Gewebe in Wirklichkeit eine höhere Ausnutzung haben dürfte als 1o2 %, denn die ermittelten Fadenfestigkeiten im Gewebe geben bei der entsprechenden Versuchsreihe, worauf schon hingewiesen wurde, unwahrscheinlich hohe Zahlen (niedriger Garnfestigkeitsverlust), die natürlich auf die errechneten Werte der Ausnutzungsfaktoren drücken. Würde, wie auf Seite 65/66 vorgeschlagen, für Gewebe beider Dichten der gleiche Garnfestigkeitsverlust von 42 % als richtig anerkannt, so erhöht sich der Ausnutzungsgrad im gebleichten Gewebe mit 20,5 Fd/cm auf etwa 112 %, was einen glaubhaften Wert abgibt.

In Tab. VII$_3$ ist anhand der Schaulinien in Abb. 12, unteres Bild, die Aufteilung der Gewebefestigkeiten nach Anteilen der Bindung bzw. Garnfestigkeit gemäß dem bei der Besprechung der Kettgarne geschilderten Verfahren vorgenommen. Die Bindungsanteile ergeben sich mit 50 bzw. 27 kg bei den stuhlrohen und zu 37 und 24 kg bei den gebleichten Geweben, wobei die höheren Zahlen zu den dichteren Geweben gehören. Für das gewählte Beispiel des Garns Ia mech. Kette, hier wiederum als Schußgarn gedacht, ergibt sich unter Zugrundelegung der Gewebefestigkeiten nach Zusammenstellung S. 69 folgendes Bild:

	20,5 Fd/cm	17,5 Fd/cm
stuhlroh		
Anteil der Bindung %	47	37
Anteil der Garnfestigk. %	53	63
gebleicht		
Anteil der Bindung %	45	39
Anteil der Garnfestigk. %	55	61

Die Verteilung ist bei dem stuhlrohen und bei den gebleichten Geweben unter sich ziemlich gleich, bei dem dichteren Stoff ist der prozentuale Anteil der Bindung größer als bei dem loseren, wie dies ebenfalls von der Betrachtung der Gewebe in Kettrichtung her schon bekannt ist.

Die <u>tatsächliche Ausnutzung der Garnfestigkeit im Gewebe</u> errechnet sich gemäß Tab. VII$_3$ zu 65 bzw. 62 % bei den stuhlrohen und zu (56,5) bzw. 58 % bei den gebleichten Geweben. (Siehe auch Abb. 12, oben). Die eingeklammerte Zahl fällt wiederum heraus. Für sie müßte unter Richtigstellung des bei der Festigkeitsprüfung der Fäden erhaltenen und bereits als offenbar zufällig gekennzeichneten Ergebnisses rd. 62 % gesetzt werden. Die geringeren Werte der eigentlichen Ausnutzung gehören dann der weniger dichten Ware an. Ebenso haben die gebleichten Gewebe die niedrigeren Ausnutzungswerte, verglichen mit den zugehörigen stuhlrohen.

Tabelle VII₃: nach Abb. 12

Gewebe Nr.		29	30	31	2	32	33	34	6
Garnbezeichnung		Sch.1	Sch.2	Sch.3	Sch.4	Sch.1	Sch.2	Sch.3	Sch.4
Gewebefestigkeit stuhlroh	kg	117,5	103,5	109,5	99,0	82,0	73,5	76,5	61,5
Anteil der Bindung	kg	50,0	50,0	50,0	50,0	27,0	27,0	27,0	27,0
Anteil der Garnfestigkeit	kg	67,5	53,5	59,5	49,0	55,0	46,5	49,5	34,5
Garnfestigkeit nach dem Weben	g	1046	829	916	754	1052	888	943	661
Mittl. Fadenzahl je Streifen		100	100	100	100	84,5	84,5	84,5	84,5
Tatsächl.Ausnützung der Garnfestigkeit i.Gewebe	%	64,5	64,5	64,9	65,0	61,7	61,9	62,1	61,7
Gewebefestigkeit gebleicht	kg	91,5	83,5	85,0	72,0	68,0	63,5	61,5	51,0
Anteil der Bindung	kg	37,0	37,0	37,0	37,0	24,0	24,0	24,0	24,0
Anteil der Garnfestigkeit	kg	54,5	46,5	48,0	35,0	44,0	39,5	37,5	27,0
Garnfestigkeit n.d. Gewebebleiche	g	1019	869	895	658	934	841	799	571
Mittl. Fadenzahl je Streifen		94,5	94,5	94,5	94,5	81,5	81,5	81,5	81,5
Tatsächl. Ausnützung der Garnfestigkeit i.Gewebe	%	56,6	56,5	56,7	56,3	57,8	57,6	57,5	58,0

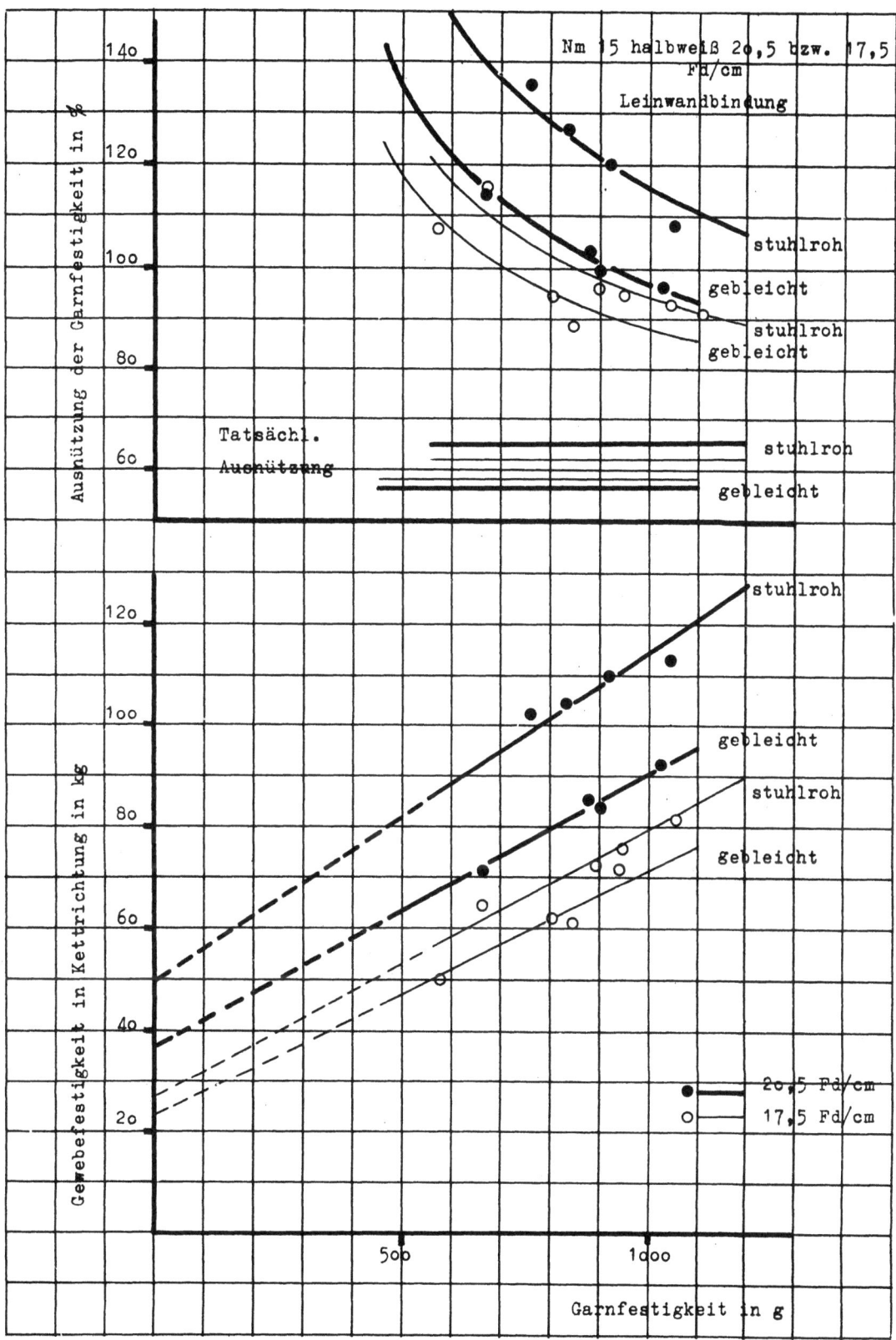

Abbildung 12

Ausnützung der Schußgarnfestigkeit

Auch in dieser Hinsicht unterscheiden sich also die Verhältnisse von denen bei den Kettgarnen bzw. in der Kettrichtung der Gewebe festgestellten nicht, so daß ein weiterer Kommentar über das in Abschn. 3 Gesagte hinaus überflüssig ist.

Den Berichtabschnitt über die Ausnutzung der Schußgarne in Leinwandgeweben zusammengefaßt, kann gesagt werden, daß die getroffenen Feststellungen die gleichen waren, wie bei der Untersuchung der Kettgarnausnutzung. Dichtere Gewebe haben eine bessere Ausnutzung der Rohgarnfestigkeit und auch der verbliebenen Garnfestigkeit, was bei gleichen Festigkeitsverlusten der Garne auch hier auf eine bessere Wirkungsweise der Bindung und offenbar ebenfalls - wenn auch in geringerem Maße - auf eine günstigere Ausnutzung der Garnfestigkeit selbst ("tatsächliche Ausnutzung") zurückzuführen ist. Analog erklärt sich die über das Maß der größeren Garnfestigkeitsverluste hinaus geringere Ausnutzung der Garne in den gebleichten Geweben, verglichen mit der Ausnutzung in der entsprechenden stuhlrohen Ware.

8. **Garn: Nm 15 = Ne_L 25, 1/2-weiß; Gewebe: Köper, 20,5 und 17,5 Fd/cm, stuhlroh und 4/4-weiß (Vers. 35 - 37 und 10, 38 - 40 und 14)**

Diese doppelte Versuchsreihe mit zwei Gewebedichten unterscheidet sich von der im vorigen Abschnitt beschriebenen durch die hier angewandte Köperbindung und ist insofern den Versuchen gemäß Abschn. 4 analog, als dort die gleichen Garne in der Gewebekette untersucht wurden, die nunmehr unter sonst unveränderten Umständen in ihrem Verhalten als Gewebeschuß betrachtet werden sollen.

In Tab. VIII_1 sind die Rohgarnfestigkeiten, die Gewebefestigkeiten nach der Garnbleiche und die Fadenfestigkeiten im Gewebe nach dem Weben und nach der Gewebebleiche enthalten, ebenso die daraus errechneten <u>Garnfestigkeitsverluste,</u> die in Abb. 13, unten, eingezeichnet sind. Die Garnbleichverluste mit 18 % der Rohgarnfestigkeit sind bekannt. Die Festigkeitsverluste nach dem Weben bzw. nach der Gewebebleiche streuen teilweise stark, ohne jedoch auch diesmal eine bestimmte Abhängigkeitstendenz von der Garnqualität zu zeigen. Es erscheint deshalb wiederum gerechtfertigt, die Verluste in gemittelter Höhe für alle Garne innerhalb sonst unverändert bleibender Arbeits- und Gewebeverhältnisse als konstant anzusehen. Die Verluste nach dem Weben errechnen sich im Mittel zu 29 bzw. 31 %, die Verluste nach der Gewebebleiche zu 43 und 46 %, bezogen auf die Rohgarnfestigkeit, wobei die erstgenannten Werte den dichteren Geweben zugehören[1]. Es ist nicht anzunehmen, daß in dem aufgetretenen Unterschied der mittleren Verlusthöhe bei den verschieden dichten Geweben mehr als eine Zufallserscheinung zu erblicken ist. Daß der Verlust in der Weberei mit somit rd. 30 % kleiner ist als bei der Leinwandbindung (rd. 35 %), ist hingegen denkbar. Die Bleiche überdeckt aber diese Differenz. Die Verluste liegen sogar höher als bei der Leinwandbindung, wofür eine Erklärung nicht gefunden werden kann. Es erscheint zumindest der (bei der weniger dichten Ware!) höhere Wert von 46 % unwahrscheinlich, und es ist berechtigt, für beide Dichten den niedrigeren Wert von 43 % als normalen Verhältnissen näherkommend anzusehen. Dies bestätigt sich übrigens auch noch im folgenden, indem die in dieser Richtung korrigierten Werte der zu besprechenden Ausnutzungszahlen weit besser in das nun schon recht deutlich vorhandene Bild der in diesem Bericht behandelten Abhängigkeiten passen. Es erweist sich aber, daß darüber hinaus auch 43 % ein der Wahrscheinlichkeit nach gesehen zu hoher Wert der Garnfestigkeitsverluste ist und ebenso wie die stuhlrohe auch die gebleichte Köperware gegenüber der Leinwand (Abschn. 7) einen geringeren Garnfestigkeitsverlust aufweisen müßte, der für beide Gewebedichten rd. 40 % nicht überschreitet.

Tab. VIII_2 und Abb. 13, Mitte und oben, zeigen die Gewebefestigkeiten und die <u>Ausnutzung der Rohgarnfestigkeit</u> als Funktionen der letztgenannten. Die bekannten Abstufungen zwischen den stuhlrohen und den gebleichten und zwischen den verschieden dichten Geweben sind wieder vorhanden. Für die Sollfestigkeiten der drei wiederholt herangezogenen Qualitäten (Zwirnkette E, Ia mech. Kette und IIa Schuß; 1 760, 1 360 und 1 120 g roh) ergeben sich, den Schaulinien entnommen, folgende Werte bei $D_1 = 20,5$ und $D_2 = 17,5$ Fd/cm.

---

[1] Anhand der Tab. VIII_1 kann allerdings sehr deutlich gezeigt werden, daß sich u.U. ein Garn hinsichtlich seiner Festigkeitsverluste, verglichen mit dem Gros der anderen, sehr abweichend verhalten kann. Ein Beispiel dafür ist das Garn Sch.3, das in allen daraus hergestellten Geweben auffallend geringe Verluste zeigt, was in gleicher Weise auch aus Tab. VII_1 ersichtlich ist, ebenso aus Tab. III_1 und IV_1, in denen die Verluste des gleichen Garns als Kette Kt.3 zu finden sind. Ein Gegenstück dazu bietet das Garn 4, welches die Tendenz zu über dem Mittel liegenden Verlusthöhen hat.

Tabelle VIII$_1$.

Gewebe Nr.	35	36	37	1o	35-1o	38	39	4o	14	38-14
Garnbezeichnung	Sch.1	Sch.2	Sch.3	Sch.4	Kt.2	Sch.1	Sch.2	Sch.3	Sch.4	Kt.2
Rohgarnfestigkeit g	1657	1412	1276	1o99	1412	1657	1412	1276	1o99	1412
Garnfestigkeit nach der Garnbleiche g	1329	1157	1o55	918	1157	1329	1157	1o55	918	1157
Festigkeitsverlust n.d. Garnbleiche %	19,8	18,1	17,3	16,5	18,1	19,8	18,1	17,3	16,5	18,1
Garnfestigkeit nach dem Weben g	1194	975	977	719	994	1124	98o	93o	733	1o4o
Festigkeitsverlust nach dem Weben %	28,o	31,o	23,4	34,6	29,5	32,2	3o,6	27,1	33,3	26,3
Garnfestigkeit nach der Gewebebleiche g	896	778	812	595	83o	886	777	747	538	822
Festigkeitsverlust n.d. Gewebebleiche %	46,o	45,o	36,4	45,9	41,2	46,6	45,o	41,5	51,1	41,8

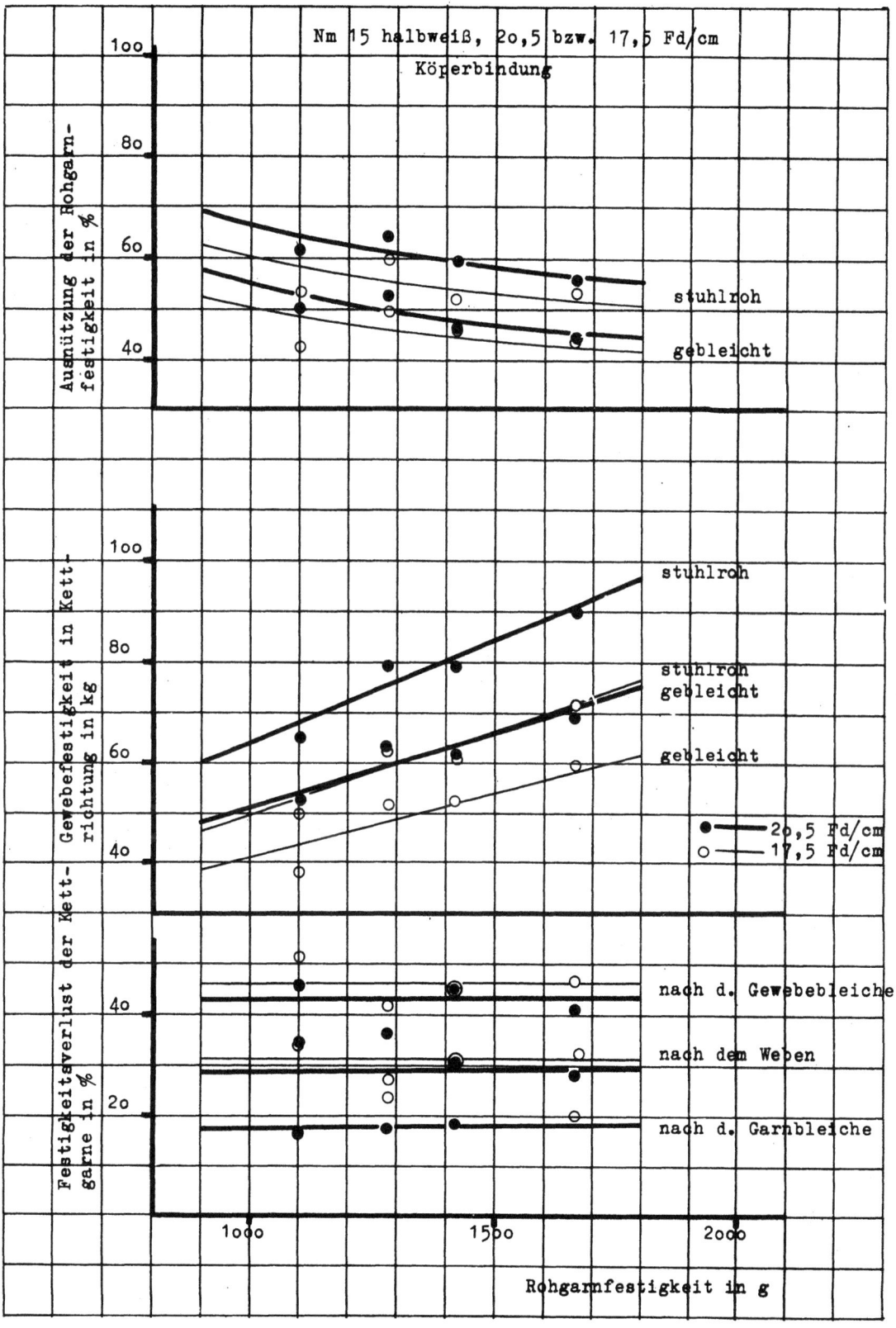

A b b i l d u n g 13

Ausnützung der Schußgarnfestigkeit

Tabelle VIII$_2$

Gewebe Nr.	35	36	37	1o	35-1o	38	39	4o	14	38-14
Garnbezeichnung	Sch.1	Sch.2	Sch.3	Sch.4	Kt.2	Sch.1	Sch.2	Sch.3	Sch.4	Kt.2
Gewebefestigkeit stuhlroh kg	89,4	79,0	79,6	65,8	92,0	71,7	6o,3	62,5	5o,o	75,8
Fadenzahl je Streifen	97	95	97,5	98	1o2	82	82	82,5	85,5	88,5
Rohgarnfestigkeit g	1657	1412	1276	1099	1412	1657	1412	1276	1099	1412
Ausnützung der Rohgarnfestigkeit %	55,6	58,9	64,1	61,1	63,9	52,8	52,0	59,5	53,2	6o,7
Garnfestigkeit nach dem Weben g	1194	975	977	719	994	1124	98o	93o	733	1o4o
Ausnützung der Garnfestigkeit i. Gewebe %	77,1	85,2	83,6	93,4	9o,7	77,9	75,o	81,5	79,7	82,5
Gewebefestigkeit gebleicht kg	69,1	61,7	63,5	52,5	77,1	59,4	52,1	51,8	38,2	62,o
Fadenzahl je Streifen	94,5	94,5	94	95	1o9	82	81,5	82,5	81,5	96
Rohgarnfestigkeit g	1657	1412	1276	1099	1412	1657	1412	1276	1099	1412
Ausnützung der Rohgarnfestigkeit %	44,2	46,2	52,9	5o,2	5o,1	43,7	45,3	49,2	42,7	45,8
Garnfestigkeit nach der Gewebebleiche g	896	778	812	595	83o	886	777	747	538	822
Ausnützung der Garnfestigkeit im Gewebe %	81,7	84,0	83,2	93,0	85,2	81,9	82,3	84,0	87,1	78,5

Garnqualität	Gewebefestigkeit in kg				Ausnützung der Rohgarnfestigkeit in %			
	stuhlroh		gebleicht		stuhlroh		gebleicht	
	D_1	D_2	D_1	D_2	D_1	D_2	D_1	D_2
Zwirnkette E	95	74	75	61	56	51	45	42
Ia mech. Kette	79	62	62	51	60	55	49	45
IIa Schuß	69	54	55	44	64	58	52	48

Verglichen mit der Leinwandbindung ist ein starker Rückgang der Ausnutzungswerte eingetreten (vergl. Zusammenstellung auf S. 69). Für die mittlere der oben angegebenen Garnqualitäten hat das gebleichte Gewebe bei 20,5 Fd/cm als Köper 62 kg Festigkeit bei 49 % Rohgarnausnutzung, als Leinwand 83 kg bei 64 %.

Der Unterschied, der hier am gebleichten Gewebe zwischen den beiden Dichten auftritt, ist nicht so auffällig, wie er bei der Leinwandbindung und auch für Kettgarne bei beiden Bindungen festgestellt worden ist. Er beträgt für Garn Ia mech. Kette nur 4 Prozentpunkte oder bezogen auf den absoluten Wert der Ausnutzung bei den weniger dichten Geweben 9 % gegen 18 - 18,5 %, die für das gleiche Schußgarn in Leinwandbindung und für Kettgarn in Leinwand und Köper gefunden wurden. Unter Hinzuziehung der Verhältnisse bei den stuhlrohen Geweben, unter denen sich auch Abweichungen aber keineswegs mit der oben aufgezeichneten gleichlaufende zeigen, kann mit großer Wahrscheinlichkeit gesagt werden, daß es sich dabei nicht um begründete, sondern um Zufallserscheinungen handelt. Der Rückgang der Rohgarnfestigkeit bei Verminderung der Fadendichten von 20,5 auf 17,5 Fd/cm kann in Kett- und Schußrichtung unabhängig von der Bindung bei Garn Ia mech. Kette in der Größenordnung von 18 % bei gebleichter Ware und - dies sei hier nachgetragen - bei stuhlrohen Geweben mit rd. 9 %, bezogen auf die absoluten Ausnutzungswerte bei der geringeren Dichte angenommen werden.

In Abb. 14 sind die Gewebefestigkeiten und die Ausnutzungswerte der im Gewebe verbliebenen Garnfestigkeit, wie sie in Tab. VIII$_2$ ebenfalls zu finden sind, über der Garnfestigkeit im Gewebe aufgetragen. Deutlich liegen die Linien auch für diese Ausnutzungsfaktoren bei der loseren Gewebeeinstellung niedriger. Für eine herausgegriffene Garnfestigkeit -

auch in diesem Fall sei es die Sollfestigkeit der Qualität Ia mech. Kette (1 360 g roh) - ergibt sich folgende Zusammenstellung der den Schaulinien zu entnehmenden Ausnutzungswerte, wenn für die Bestimmung der im Gewebe verbliebenen Fadenfestigkeiten die Verluste nach Abb. 13, unten, berücksichtigt werden, also für 965 bzw. 940 g in den stuhlrohen und 775 bzw. 735 g in den gebleichten Geweben.

	20,5 Fd/cm	17,5 Fd/cm
Ausnützung der Garnfestigkeit in %		
stuhlroh	84	77
gebleicht	84	(82)

Die eingeklammerte Zahl ist unwahrscheinlich und zurückzuführen auf den errechneten hohen Festigkeitsverlust der Garne in den gebleichten Geweben, vor allem bei der geringeren Fadendichte, dessen Gültigkeit schon angezweifelt wurde. Daß die Ausnutzungsfaktoren in den gebleichten Geweben für die gleiche Garnausgangsqualität höher liegen als bei den stuhlrohen Geweben, widerspricht allen bisher getroffenen Feststellungen. So gesehen, erscheint auch der Ausnutzungsgrad in den gebleichten Geweben mit 20,5 Fd/cm noch zu hoch und auch der dort mit 43 % festgestellte Garnfestigkeitsverlust, wie schon erwähnt, übersteigert. Wird der als wahrscheinlich bezeichnete Wert von 40 % Garnfestigkeitsverlust in den gebleichten Geweben beider Dichten eingesetzt, so lauten die Zahlen für die Ausnutzungfaktoren in den gebleichten Geweben für die oben als Beispiel gewählte Garnqualität 81 % bei 20,5 Fd/cm und 75 % bei 15,5 Fd/cm. Dabei wäre die gewohnte Relation zwischen den Werten für die stuhlrohen Gewebe (84 und 77 %) und für die gebleichten Gewebe (81 und 75 %) wieder vorhanden, ebenso die Abstufung zwischen den Geweben verschiedener Dichte zugunsten der engeren Fadenstellung.

Die Abstufung der Ausnutzungsfaktoren gegenüber jenen bei Leinwandbindung ist ebenso vorhanden wie sie bei der Auswertung der Untersuchungsergebnisse mit Kettgarnen gefunden wurde. Bei Berücksichtigung der Darlegungen, die zu der Korrektur der festgestellten Zahlen führten, weist das gebleichte Gewebe mit 20,5 Fd/cm bei Garnqualität Ia mech. Kette als Schuß eine Ausnutzung der Schußgarnfestigkeit von 110 % im Fall der Leinwandbindung und nur 81 % bei der Köperbindung auf. Diese ist auch in der Größenordnung ein analoger Rückgang wie der bei gleichen Verhältnissen und gleichem Garn in Kettrichtung festgestellte. Tab. VIII$_3$ gibt zunächst unter Zuhilfenahme der Abb. 14 die Aufteilung der Gewebefestigkeiten nach <u>Anteilen der Bindung</u> und der Garnfestigkeit wieder. Die Bindungsanteile ergeben sich zu 25 bzw. 17 kg bei den stuhlrohen und zu 22 bzw. 16 kg bei den gebleichten Geweben. Für den Fall der Sollfestigkeit des Garns Ia mech. Kette - hier als Schußgarn - errechnen sich die prozentualen Anteile der Bindung und der Garnfestigkeit an der Festigkeit der Köpergewebe, letztere der Zusammenstellung auf S. 79 entnommen, in Schußrichtung wie folgt:

	20,5 Fd/cm	17,5 Fd/cm
stuhlroh		
Anteil der Bindung %	32	27
Anteil d. Garnfestigkeit %	68	73
gebleicht		
Anteil der Bindung %	35	31
Anteil d. Garnfestigkeit %	65	69

Der Rückgang der Bindungskräfte und darüber hinaus auch der prozentualen Bindungsanteile bei den Köpergeweben, verglichen mit der Leinwand (vergl. S. 71), ist in Schußrichtung also ebenso auffällig, wie er in der Kettrichtung war. Mit abnehmender Fadendichte ist er ebenfalls vorhanden. Die gebleichten Gewebe zeigen im vorliegenden Fall der Schußrichtung in den Köpergeweben einen prozentual größeren Anteil der Bindung als die stuhlrohen Gewebe, eine Tendenz, die bei der Leinwandbindung in Schußrichtung noch nicht so ausgeprägt war, sich aber im Vergleich zu der Kettrichtung im Gewebe schon andeutete. Wie erinnerlich, war in der Kette der Anteil der Bindung bei den stuhlrohen Geweben höher als bei den gebleichten, wenn auch der Unterschied nur selten von Bedeutung war.

Die <u>tatsächliche Ausnutzung der</u> im Gewebe verbliebenen <u>Garnfestigkeit</u> kann gemäß Tab. VIII$_3$ mit 57 bzw. 56, für die stuhlrohen und mit 54 bzw. 57 % für die gebleichten Gewebe genannt werden, wobei die jeweils

Tabelle VIII$_3$: nach Abb. 14

Gewebe Nr.		35	36	37	1o	38	39	4o	14
Garnbezeichnung		Sch.1	Sch.2	Sch.3	Sch.4	Sch.1	Sch.2	Sch.3	Sch.4
Gewebefestigkeit stuhlroh	kg	91,5	79,0	79,0	65,0	69,0	62,5	6o,o	51,o
Anteil der Bindung	kg	25,0	25,0	25,0	25,0	17,0	17,0	17,0	17,o
Anteil der Garnfestigkeit	kg	66,5	54,0	54,0	40,0	52,0	45,5	43,0	34,0
Garnfestigkeit nach dem Weben	g	1194	975	977	719	1124	98o	93o	733
Mittl. Fadenzahl je Streifen		97	97	97	97	83	83	83	83
Tatsächl. Ausnützung der Garnfestigkeit i.Gewebe	%	57,4	57,1	57,0	57,4	55,7	55,9	55,7	55,8
Gewebefestigkeit gebleicht	kg	67,5	61,5	63,5	52,5	57,5	52,5	51,o	41,o
Anteil der Bindung	kg	22,0	22,0	22,0	22,0	16,0	16,0	16,o	16,o
Anteil der Garnfestigkeit	kg	45,5	39,5	41,5	3o,5	41,5	36,5	35,o	25,o
Garnfestigkeit nach der Gewebebleiche	g	896	778	812	595	886	777	747	538
Mittl.Fadenzahl je Streifen		94,5	94,5	94,5	94,5	82	82	82	82
Tatsächl. Ausnützung der Garnfestigkeit i.Gewebe	%	53,7	53,7	54,0	54,1	57,1	57,3	57,2	56,6

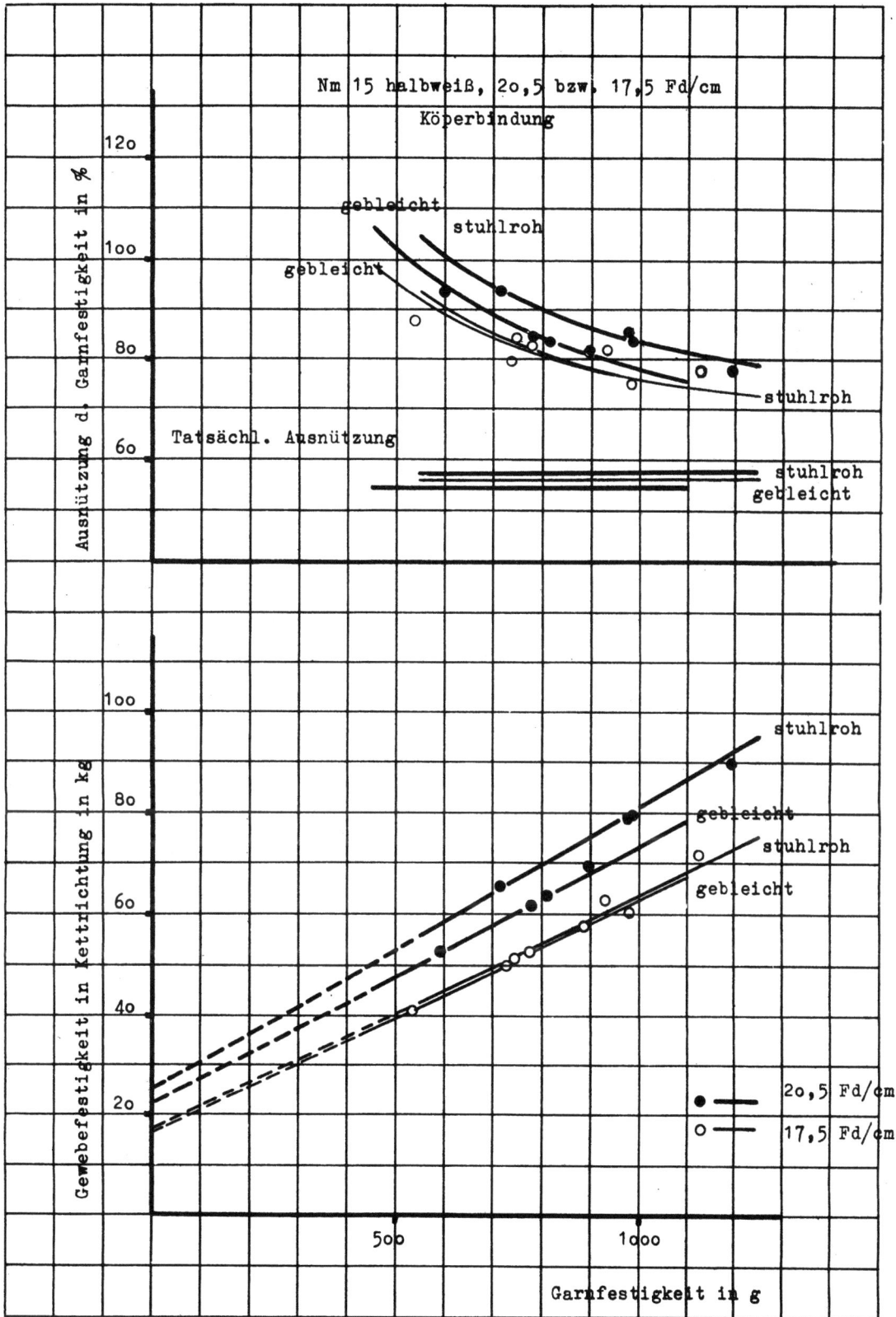

Abbildung 14

Ausnutzung der Schußgarnfestigkeit

letztangeführten Werte der weniger dichten Ware zugehören. Zunächst ist eine im Gegensatz zu den Kettgarnen, jedoch der auch dort festgestellten Tendenz nicht widersprechend, recht deutliche Verringerung der Ausnutzungswerte gegenüber der Leinwandbindung zu verzeichnen (z.B. bei 20,5 Fd/cm gebleicht von 62 auf 54). Somit geht der Rückgang der Garnausnutzung in den Köpergeweben sowohl auf Kosten der Bindung als auch der "tatsächlichen Ausnutzung", also des Zusammenwirkens der Fäden bei Beanspruchung. Erstmalig verwischen sich bei dieser Versuchsgruppe die sonst stets festgestellten Unterschiede zwischen stuhlrohen und gebleichten Geweben bzw. zwischen den Geweben verschiedener Dichte. Der Wert von 57 % bei dem gebleichten Gewebe mit 17,5 Fd/cm muß allerdings korrigiert werden, wie das angesichts der offenbar zu hoch angesetzten Garnfestigkeitsverluste in diesen Geweben zulässig erscheint und bei den Betrachtungen in diesem Abschnitt auch schon wiederholt geübt wurde. Wird also als richtig erkannt, daß die Garnfestigkeiten im Gewebe tatsächlich höher liegen, als aus den Fadenreißungen hervorging (etwa, wie bereits angenommen wurde, entsprechend 40 % statt 46 % Verlust bezogen auf Rohgarnfestigkeit), so würde die Prozentzahl für die "tatsächliche Ausnützung" der Garnfestigkeit für das gebleichte, weniger dichte Gewebe auf 52 % zurückgehen. Dadurch wäre die gewohnte Relation zwischen den stuhlrohen und den gebleichten Geweben in sinnvoller Weise wiederhergestellt mit der in allen anderen Fällen gefundenen Erscheinung, daß die "tatsächliche Ausnutzung" bei der gebleichten Ware niedriger ist als bei der stuhlrohen. Nicht ohne weiteres erklärbar ist das nahe Zusammenrücken der Werte für die beiden unterschiedlich dichten Gewebe, die in Kettrichtung stärkere Abweichungen zeigten. Jedoch wird auch in diesem Falle die Tendenz nicht durchbrochen, daß geringere Gewebedichten niedrigere Werte auch für die tatsächliche Ausnutzung mit sich bringen. Angesichts der untergeordneten Bedeutung des zu Rede stehenden, in allen Fällen an sich nur geringen Unterschiedes für die Gesamtbetrachtung kann von der Diskussion über seine jeweils auftretende Größe abgesehen werden.

Als Zusammenfassung des Berichtsabschnittes über die Garnausnutzung in Schußrichtung von Köpergeweben kann gesagt werden, daß auch in diesem Fall grundsätzlich Gegensätze zu den im analogen Fall bei Kettgarnen getroffenen Feststellungen nicht zu vermerken sind. Die Ausnutzungsfaktoren der Garnfestigkeit gingen gegenüber der Leinwandbindung stark zurück, was sowohl auf den Rückgang der Bindungswirkung als auch auf die niedrigeren Werte für die tatsächliche Ausnützung der in den Geweben vorhandenen Garnfestigkeit zurückzuführen ist.

Die dichteren Gewebe haben hinsichtlich der Ausnutzung ihrer Garnfestigkeit bei der Köperbindung Vorteile aufzuweisen, wenngleich der Unterschied weniger ausgeprägt war als bei der Leinwandbindung.

c) Vergleich der Garnausnutzung in Kette und Schuß

Es bleibt, die Ausnutzung der Garnfestigkeiten in Kett- und Schußrichtung der Gewebe miteinander wertmäßig zu vergleichen, nachdem dieses der Tendenz nach bereits im Hauptabschnitt b) geschehen ist, wobei festgestellt wurde, daß diesbezüglich weitgehende Übereinstimmung zwischen Kett- und Schußgarnen besteht.

Die der Zusammenfassung dienende Tab. X (S. 93) enthält unter anderem (stark eingerahmt) auch eine Gegenüberstellung der Ergebnisse aus den in Abschn. 3 - 4 und 7 - 8 beschriebenen Versuchen, wobei die gleichen Garne Nm 15, 1/2-weiß, einmal als Kettgarne, das andere Mal als Schußgarne Verwendung fanden. Es sind für eine Garnqualität Ia mech. Kette mit der Sollfestigkeit 1 360 g roh bei Verwendung als Kett- und Schußgarn alle charakteristischen Größen eingetragen, die uns in dieser Abhandlung beschäftigt haben: Garnfestigkeitsverlust, Gewebefestigkeit und Anteil der Bindung, Ausnützung der Rohgarnfestigkeit, Ausnutzung der verbliebenen Garnfestigkeit unter Berücksichtigung des lediglich von der Garnfestigkeit herrührenden Teils der Gewebereißkraft. Die Werte sind für Leinwand- und Köperbindung und für zwei verschiedene Gewebedichten, ferner für stuhlrohen und gebleichten Gewebezustand eingetragen.

Die Zahlen sind aus der Besprechung in den einzelnen Berichtsabschnitten bekannt. Lediglich die absoluten Zahlen der Gewebefestigkeiten und Bindungsanteile in Schußrichtung sind insofern verändert, als sie hier auf die gleiche Fadenzahl umgerechnet wurden, welche die Gewebestreifen in Kettrichtung aufwiesen. Somit sind die in Tab. X enthaltenen Zahlen für Kett- und Schußrichtung sowohl als Prozent- als auch als kg-Werte miteinander unmittelbar vergleichbar.

Die Garnfestigkeitsverluste nach dem Weben (Spalte 1) sind bei der Leinwandbindung im Schuß um 5 % der Rohgarnfestigkeit niedriger als in der

Kette. Bei der Köperbindung treten die Kettgarnverluste, wie beschrieben, zurück, so daß eine Angleichung zwischen Kett- und Schußgarnen bzw. sogar ein Überwiegen der Schußgarnverluste eintritt. Die Festigkeitsverminderung, die bei den Kettgarnen vor allem als Folge der Fadenreibung in Geschirr und Riet aufzufassen ist, dürfte bei Schußgarnen wahrscheinlich durch den Schußspulvorgang, vor allem durch die Herstellung der Schlauchcopse, verursacht sein. Die Festigkeitsverluste der Garne nach der Gewebebleiche (Spalte 1a) geben das gleiche Bild. Ist bei der Leinwandbindung der Unterschied zwischen Kett- und Schußgarnverlusten zugunsten der letzteren mit rd. 6 % eindeutig vorhanden, so tritt er bei der Köperbindung mehr zurück.

Die Ausnutzung der im Gewebe vorhandenen Garnfestigkeit (Spalten 4 und 4a) - um hier diese vorweg zu nehmen - sind für die Kettgarne in den stuhlrohen Geweben deutlich, in den gebleichten Geweben nur wenig höher als für die Schußgarne. Die geringeren Festigkeitsverluste der Schußgarne bewirken, daß dementsprechend bei der Ausnutzung der Rohgarnfestigkeit (Spalten 3 und 3a) in den stuhlrohen Geweben im Mittel gesehen noch der Vorteil der Kette überwiegt, nach dem Bleichen jedoch eine Überlegenheit der Schußgarne feststellbar ist. Die Unterschiede sind aber im letztgenannten Fall nicht erheblich und bewegen sich zwischen 2 und 4 % der Rohgarnfestigkeit. Immerhin tritt aber in der Mehrzahl der Fälle eine höhere Festigkeit des Gewebes in Schußrichtung ein.

Hinsichtlich des Anteils der Bindung (Spalten 5 und 5a) an der Gewebefestigkeit (Spalten 2 und 2a) ist wiederum zwischen den beiden Bindungsarten zu unterscheiden. Bei Leinwand ist der Bindungsanteil in Kettgarnrichtung höher, was sowohl bei stuhlrohen als auch anscheinend etwas gemildert bei gebleichten Geweben der Fall ist. Bei Köperbindung verschwindet dieser Unterschied in den stuhlrohen Geweben fast ganz und wirkt sich bei den gebleichten sogar umgekehrt aus, indem der Bindungsanteil in Schußrichtung prozentual höher liegt.

Die tatsächliche Ausnutzung der Garnfestigkeit im Gewebe (Spalten 6 und 6a) ist im stuhlrohen Zustand entsprechend der besseren Gesamtausnutzung gemäß Spalte 4 bei den Kettgarnen in allen Fällen trotz des ebenfalls höheren Bindungsanteils besser als bei den Schußgarnen. Die Gewebebleiche läßt einen Ausgleich eintreten. Gemäß der nur wenig unterschiedlichen

Gesamtausnutzung (Spalte 4a) verhält sich hier die "tatsächliche Ausnutzung", die sich ja lediglich auf den durch die Garnfestigkeit, nicht durch die Bindungswirkung herbeigeführten Teil der Gewebereißkraft stützt, umgekehrt wie der prozentuale Bindungsanteil der Gewebefestigkeit. Sie ist in leinwandbindigen Geweben für die Kettgarne kleiner, bei Köperbindung für die Kettgarne etwas höher als für die Schußfäden.

Bei dem bisher geschilderten Vergleich der Ausnutzungen von Kett- und Schußgarnen handelte es sich um die Gegenüberstellung von Ergebnissen getrennt durchgeführter Versuche, bei denen die gleichen 4 Garne abgestufter Festigkeit einmal als Kett-, das andere Mal als Schußgarne bei jeweils gleichbleibendem Garn in Gegenrichtung Verwendung fanden. Dabei war es möglich, außer den in Tab. X zusammengestellten Werten für ein Garn bestimmter Qualität auch den Verlauf der Abhängigkeit der betrachteten Faktoren von der Garnfestigkeit einmal in Kett-, das andere Mal in Schußrichtung zu untersuchen.

Es ist aber noch eine weitere Möglichkeit gegeben, die Garnfestigkeitsverluste und die Ausnutzung der Garnfestigkeit in Kett - und Schußrichtung zu vergleichen. Allerdings bezieht sich der Vergleich dabei je Versuchsreihe auf nur eine Garnqualität bzw. -festigkeit. Wie erinnerlich, befindet sich in allen Tabellen des Kapitels Kettgarnausnutzung mit den 4 bzw. 5 Spalten der unterschiedlichen Kettqualitäten eine Spalte für das gleichbleibend verwendete Schußgarn. Umgekehrt ist in den Tabellen des Kapitels Schußgarnausnutzung neben den 4 Spalten der verschiedenen Schußgarne eine Spalte für das gleichbleibende Kettgarn enthalten. Diese jeweils für eine Versuchsreihe gemeinsamen Spalten des gleichbleibenden Gegengarns enthalten somit für das letztgenannte Mittelwerte aus den 4 bzw. 5 Versuchen[1], die mit den Garnen variabler Festigkeit in Gegenrichtung vorgenommen worden sind. Die Werte sind demnach wohl verläßlich. Sie enthalten aber natürlich die stets vorhandenen Eigenheiten des einen betreffenden Garns und somit andererseits Schwächen gegenüber einer Durchschnittsbetrachtung, die durch Interpolation aus mehreren Ergebnissen mit verschiedenen Garnen (graphische Bilder) für die veränderliche Garn- bzw. Geweberichtung ermöglicht wurde.

---

[1] Die Mittelwertbildung ist zulässig, da eine Beeinflussung der Faktoren durch die Qualität des Gegengarns nicht festgestellt werden konnte.

Selbstverständlich können die Werte der gemeinsamen "Schuß"- bzw. "Kettspalten" nur mit jenen Werten der Kett- bzw. Schußgarne in der Gegenrichtung verglichen werden, die der gleichen Festigkeit zugehören. In Tab. IX sind diese Zahlen gegenübergestellt. Dies ermöglicht einen Überblick über alle Versuche, denn auch für diese Betrachtung ist es notwendig, sich von Eindruck des Einzelergebnisses bzw. des Verhaltens einer Einzelqualität - und diese treten, wie soeben erläutert, in Erscheinung - freizumachen, um trotz unvermeidlich starker Streuung das wesentliche Durchschnittsresultat zu erkennen. Der Anschaulichkeit halber sind jene Zahlenfelder, die gegenüber dem Vergleichswert einen Vorteil kennzeichnen, also kleinerer Verlust oder höhere Ausnutzung, dunkel angelegt.

Betrachten wir zunächst die in Kett- und Schußrichtung gemachten <u>Versuche mit Nm 15, 1/2-weiß</u>, deren Ergebnisse aus den Reihenuntersuchungen der Kett- bzw. Schußgarne bereits in Tab. X[1]) enthalten sind und bereits besprochen wurden, so ergibt sich für das gegenseitige Verhalten von Kette und Schuß eine weitgehende Übereinstimmung des Gesamtbildes mit dem bereits entworfenen.

Die Garnfestigkeitsverluste (V) sind bei Leinwandbindung in der Kette höher. Bei Köperbindung tritt, wie jetzt deutlich wird, über einen Ausgleich hinaus vielfach sogar das umgekehrte Verhältnis ein, die Verluste im Schuß sind überwiegend prozentual höher.

Die Ausnutzung der Fadenfestigkeit im Gewebe (f_2) ist im großen Durchschnitt im Schuß niedriger als in der Kette, jedoch sind die Unterschiede nicht immer überzeugend und fallen hin und wieder in gegenteiliger Richtung aus, wobei diese Fälle vor allem in der gebleichten Ware auftreten. Die Ausnutzung der Rohgarnfestigkeit (f_1) ist, da durch die beiden oben beschriebenen Faktoren bestimmt, je nach Überwiegen des einen oder anderen Einflusses in der Kette höher oder niedriger als im Schuß. Im stuhlrohen Zustand sind Ausnutzungsgrad der Rohgarnfestigkeit und damit auch die Gewebefestigkeit in der großen Mehrzahl der untersuchten Fälle in der Kette

---

[1]) Die Zahlen in Tab. X und IX dürfen dem Wert nach nicht unmittelbar verglichen werden, denn sie sind verschiedenen Ausgangsfestigkeiten zugehörig; dort der Sollfestigkeit Ia mech. Kette (1 360 g roh), hier der Festigkeit des Garns 4 (1 099 g roh) bzw. des Garns 2 (1 412 g roh).

Forschungsberichte des Wirtschafts- und Verkehrsministeriums Nordrhein-Westfalen

Tabelle IX

V: Garnfestigkeitsverluste nach (Garnbleiche und) Weben bzw. nach (Garnbleiche und) Weben und Gewebebleiche bezogen auf Rohgarnfestigkeit

f_1: Ausnützung der Rohgarnfestigkeit

f_2: Ausnützung der im Gewebe vorhandenen Garnfestigkeit

				V %	f_1 %	f_2 %	V %	f_1 %	f_2 %		V %	f_1 %	f_2 %	V %	f_1 %	f_2 %
Nm 15 roh Leinwand		20,5 Fd/cm	K	27	92	127	45	59	103							
			S	24	112	147	35,5	72	112							
Nm 15, 1/2-weiß	Leinwand	20,5 Fd/cm	K	40	86	146	48	67	120		37,5	77	124	48	59	114
			S	38	89	143	42	76	121		34,5	78	121	42	63	110
		17,5 Fd/cm	K	40	78	132	48	57	105		39	69	113	47	52	99
			S	41	71	120	44	59	104		35	62	100	42	53	97
	Köper	20,5 Fd/cm	K	30	70	106	42,5	55	98		29,5	64	91	41	50	85
			S	40	62	103	46	54	101		29	59	83	40	48	82
		17,5 Fd/cm	K	26	66	95	41,5	47	86		26,5	61	83	42	46	79
			S	34	54	82	50,5	44	89		31	54	75	40	45	80
Nm 21 1/2-weiß Leinwand		24 Fd/cm	K	34	89	124	45,5	69	104							
			S	28	100	139	33,5	74	112							
				stuhlroh			gebleicht				stuhlroh			gebleicht		
				Versuche: Kettgarnausnützg Garn: 4 mit 1099 g roh							Versuche: Schußgarnausntzg Garn: 2 mit 1412 g roh					

Die Werte aus Versuchen Kettgarnausnützung dürfen mit den Werten aus Versuchen Schußgarnausnützung in der prozentualen Höhe nicht verglichen werden, denn sie gehören zu verschiedenen Ausgangsgarnfestigkeiten (Garn 4 mit 1099 g roh bzw. Garn 2 mit 1412 g roh). Ebensowenig ist der exakte Vergleich der Werte für Nm 15 und Nm 21 zulässig, doch liegen hier die Garnfestigkeiten auf gleiche Nummer umgerechnet weniger weit auseinander.

höher als im Schuß. Für die gebleichten Gewebe sind die Verhältnisse verschieden. Bei den leinwandbindigen Geweben sind Rohgarnausnutzung und Gewebefestigkeit unter stärkerem Einfluß des Garnfestigkeitsverlustes im Schuß günstiger als in der Kette, bei Köperbindung wirken wiederum sowohl bessere Festigkeitserhaltung als auch höhere Ausnutzung der Fäden im Gewebe zugunsten der Kette, die höhere Rohgarnausnutzungswerte und somit im Endeffekt auch höhere Gewebefestigkeiten aufweist. Die festgestellten Unterschiede sind im allgemeinen nicht groß. Sie bewegen sich in den gebleichten Geweben zwischen 1 und 4 Prozentpunkten. Bei den stuhlrohen Geweben kommen auch größere Abweichungen vor.

Bei den Versuchen mit Garn Nm 21, 1/2-weiß, und Leinwandbindung sind die Festigkeitsverluste beim Schuß ebenfalls, und zwar deutlich geringer. Die Ausnutzung der Fadenfestigkeit im Gewebe ist allerdings hier für die Schußrichtung eindeutig höher. Im Endeffekt ergab sich so für stuhlrohe als auch für gebleichte Ware eine bessere Ausnutzung der Rohgarnfestigkeit und die höhere Gewebefestigkeit in Schußrichtung.

Bei Verarbeitung von Rohgarnen fällt, wie die beiden obersten Spalten in Tab. IX zeigen (Nm 15 roh, Leinwandbindung)[1], der Vergleich sowohl der Garnfestigkeitsverluste als auch der Ausnutzungsfaktoren für die Garnfestigkeit im Gewebe, dementsprechend also auch der Rohgarnausnutzung, durchweg eindeutig zugunsten der Schußgarne aus, und dies gleichermaßen in stuhlrohen und gebleichten Geweben. Da die in Tab. IX nicht mit aufgeführten Ergebnisse auch der analogen Versuche I-V (Tab. I_1 und I_2) die gleiche Tendenz hinsichtlich einwandfrei besserer Ausnutzung des Schusses bei Verarbeitung von ungebleichten Garnen zeigen, dürfte hier kein Zufallsergebnis vorliegen. Es bleibt, den gegenüber den vorgebleichten Garnen eindeutigeren Ausfall des Vergleichs von Kett- und Schußgarnausnutzung im Gewebe zu registrieren, ohne aufgrund der bisher vorliegenden Erfahrungen eine Erklärung hierfür versuchen zu wollen.

Ebenso kann der überraschende Ausfall der Untersuchung der halbleinenen Gewebe in Abschn. 6 zunächst nur verzeichnet werden, der sowohl in den stuhlrohen als auch in den gebleichten Geweben ganz hervorragende Werte für die Ausnutzung der verbliebenen Fadenfestigkeit im leinenen Gewebeschuß (165 bzw. 147 %) als Mittel aus 2 Versuchen ergab, gegen im Mittel nur 97 bzw. 93 % bei der Baumwollkette. Die Festigkeitsverluste waren

---

[1] Aus Versuchen 17-24 in Abschn. Ba2.

freilich bei dem Schußgarn mit 33 und 44 % im stuhlrohen und gebleichten
Gewebe wesentlich höher als bei Baumwollgarnen mit 0 bzw. 13 %. Die Ausnutzung der Rohgarnfestigkeit war dennoch in der stuhlrohen Ware für den
Schuß erheblich höher (110 %) als für die Baumwollkette. In den gebleichten Geweben glichen sich die Werte für Schuß und Kette aus (82 %). Immerhin ist das Ergebnis vom Standpunkt des Leinengarnes ein außerordentlich
günstiges. Die sehr guten Werte, wie sie in dieser Höhe bei Geweben, die
in Kette und Schuß aus Leinengarn gefertigt waren, nicht festgestellt
wurden, gewährleisten eine hervorragende Ausnutzung des in seiner Festigkeit an sich schon überlegenen Leinengarns im Halbleinengewebe. Worauf
die bessere Ausnutzung des steifen Leinenfadens innerhalb des weicheren
Gegengarns zurückzuführen ist, muß durch Versuchsreihen geklärt werden,
die es gestatten, eine Analyse der Verhältnisse vorzunehmen wie dies bei
den reinleinenen Geweben geschehen ist. Wie erinnerlich, waren aber mit
Baumwollgarn nur 2 orientierende Versuche vorgesehen.

In Zusammenfassung dieses Berichtsabschnittes über den Vergleich der Ausnutzung von Kett- und Schußgarnen in Geweben muß gesagt werden, daß hierüber keine für alle Fälle übereinstimmende Aussagen gemacht werden können.-
Die <u>Verluste der Garnfestigkeit</u> in der Webereiverarbeitung und nach der
Gewebebleiche sind bei Leinwandbindung in der Kette höher, bei Köperbindung sind sie in Kette und Schuß etwa gleich oder gar im Schuß höher. -
Die <u>Ausnützung der im Gewebe verbliebenen Garnfestigkeit</u> ist bei der Verarbeitung von Rohgarnen (mit Leinwandbindung) in stuhlrohen und gebleichten Geweben im Schuß eindeutig höher. Demgegenüber wurde bei Verwendung
halbweißer Garne im stuhlrohen Zustand der Gewebe vielfach eine Überlegenheit der Kette festgestellt, die aber nach der Gewebebleiche einem Ausgleich zustrebt und sich fallweise auch ins Gegenteil zu verkehren scheint.
- Entsprechend dem Zusammenwirken bzw. gegenseitigen Überwiegen der vorgenannten Einflüsse ist bei Leinwandbindung die <u>Ausnutzung der Rohgarnfestigkeit</u> im Schuß, bei Köper in der Kettrichtung besser, was in höherer
Gewebefestigkeit in der betreffenden Richtung zum Ausdruck kommt. Die
Unterschiede sind in der gebleichten Ware gering. Für Nm 15 halbweiß wurden Differenzen von 1 - 4 % der Rohgarnfestigkeit festgestellt. Im stuhlrohen Gewebe wurden Unterschiede von 1 - 12 % angetroffen. Bei den roh
verwebten Garnen waren die Unterschiede - hier durchweg zugunsten des
Schusses - größer. Bei der Verwebung von Baumwollgarn als Kette und

Flachsgarn als Schuß fiel der außerordentlich hohe Ausnutzungsgrad der im Gewebe verbliebenen Festigkeit in Schußrichtung auf. Dafür hatte die Baumwollkette wesentlich geringere Verluste. Immerhin blieb die Ausnutzung der Rohgarnfestigkeit für das Leinenschußgarn stuhlroh überlegen, im gebleichten Gewebe war sie der der Baumwollkette gleich. In den absoluten Werten war die Ausnutzung des Leinenschusses im Halbleinen erheblich höher als die Garnausnutzung in reinleinenen Geweben.

IV. Zusammenfassung

In zahlreichen Untersuchungen von ca. 60 hierfür zweckentsprechend gefertigten Leinengeweben wurde die prozentuale Ausnutzung der Garnfestigkeit

$$f = \frac{F_{Gewebe}}{z \times F_{Garn}} \qquad \begin{array}{l} F: \text{Festigkeit} \\ z: \text{Fadenzahl} \end{array}$$

und die mit ihr zusammenhängenden Größen einer eingehenden Betrachtung unterzogen. Es wurden im einzelnen folgende Faktoren in stuhlrohen und vollgebleichten Geweben in die Untersuchung einbezogen: Garnfestigkeitsverluste durch Verarbeitung und Bleichen, Ausnutzung der Rohgarnfestigkeit, Ausnutzung der im Garn verbliebenen Festigkeit, Aufteilung der Gewebefestigkeit in Anteile der Bindung und der Garnfestigkeit und die "tatsächliche Ausnützung" der verbliebenen Garnfestigkeit, nämlich unter Berücksichtigung allein des Gewebefestigkeitsanteils, der auf der Garnfestigkeit beruht.

Im Vordergrund stand die Ermittlung der Abhängigkeit dieser Faktoren von der Garnqualität, also der Garnfestigkeit. Weiter war der Einfluß verarbeitungs- und gewebetechnischer Bedingungen festzustellen. Deshalb erstreckte sich die Arbeit für jeden Untersuchungsfall auf mehrere Garne abgestufter Festigkeit und darüber hinaus auf rohe und halbgebleichte Garne, erstere mit und ohne Schlichte, unterschiedliche Garnnummern, verschiedene Gewebedichten und Bindungen (Leinwand und Köper). Die Prüfungen wurden zum größten Teil für Kett- und Schußgarne bzw. für beide Geweberichtungen vorgenommen.

Die Garnfestigkeitsverluste durch Vorbleiche, Websreiverarbeitung und

Tabelle X

Gewebefestigkeiten und Ausnützungsgrade der Garnfestigkeiten für Garnqualität Ia mech. Kette (Sollfestigkeit: Nm 15: 1360 g; Nm 21: 970 g, roh)

				Gewebe stuhlroh						Gewebe 4/4 gebleicht					
				Garnfestigkeitsverlust bezog. auf Rohgarn	Gewebefestigkeit	Ausnützung der Rohgarnfestigkeit	Ausnützung der Garnfestigkeit	Anteil der Bindung an der Gewebefestigkeit	Tatsächl. Ausnützg. d. Garnfestigk. i. Gewebe	Garnfestigkeitsverlust bezog. auf Rohgarn	Gewebefestigkeit	Ausnützung der Rohgarnfestigkeit	Ausnützung der Garnfestigkeit	Anteil der Bindung an der Gewebefestigkeit	Tatsächl. Ausnützg. d. Garnfestigk. i. Gewebe
				%	kg	%	%	kg / %	%	%	kg	%	%	kg / %	%
				1	2	3	4	5	6	1a	2a	3a	4a	5a	6a
Nm 15 roh		Leinwand 20,5 Fd/cm	K	26	112	82	112	46 / 41	67	50	75	51	102	31 / 41	60
			S												
Nm 15, 1/2-weiß Garnbleichverlust: 18 %	Leinwand	20,5 Fd/cm	K	40	108	77	132	55 / 51	66	48	88	60	113	42 / 48	58
			S	34,5	110	79	121	51,5 / 47	65	42	95	64	112	42,5 / 45	62
		17,5 Fd/cm	K	40	85	70	118	40 / 47	63	48	65	51	98	30 / 46	53
			S	35	77,5	63	99	28,5 / 37	62	42	70,5	54	95	27,5 / 39	58
	Köper	20,5 Fd/cm	K	30	90	65	93	29 / 32	63	42,5	76	51	88	25 / 33	59
			S	29	83,5	60	84	26,5 / 32	57	40	71,5	49	81	25,5 / 35	54
		17,5 Fd/cm	K	26	74	62	84	22 / 29	60	41,5	57	43	76	16 / 28	54
			S	31	66	55	77	18 / 27	56	40	59	45	75	18,5 / 31	52
Nm 21 1/2-weiß Verlust 15 %		Leinwand 24 Fd/cm	K	34	101	85	130	-	-	45,5	84	66	121	-	-
			S												

⊕ Mittelwerte aus Vers. I - V und 17 - 24

Alle Werte in Spalten 2 u. 5 bzw. 2a u. 5a sind auf **gleiche** Fadenzahl bezogen, nämlich die Anzahl der Fäden in einem 5 cm breiten Gewebestreifen in Kettrichtung

Nachbleiche erwiesen sich als unbeeinflußt von der Garnfestigkeit, nicht ohne selbstverständlich unter sich beträchtlichen, offenbar materialbedingten Schwankungen unterworfen zu sein; ferner bildet die Bleiche einen Unsicherheitsfaktor.

Die Gewebefestigkeit ist eine lineare Funktion der Garnfestigkeit. Sie ist, graphisch aufgetragen über der letzteren, im praktisch infrage kommenden Gebiet eine geneigte Gerade, deren Verlängerung die senkrechte Achse in einer Entfernung vom Nullpunkt schneidet, die den Anteil der Bindung an der Gewebefestigkeit kennzeichnet (Abb. 1, Bild 1 und 2).

Die Ausnutzung der Garnfestigkeit ist eine hyperbolische Funktion der letzteren, derart, daß Garne geringerer Festigkeit einen besseren Ausnutzungsgrad aufweisen als solche höherer Festigkeit (Abb. 1, Bild 3 und 4). Die "tatsächliche Ausnützung" der Garnfestigkeit in dem allein auf ihr beruhenden Anteil der Gewebefestigkeit, also nach Abzug des Bindungsanteils, ist in ihrem Wert von der Garnfestigkeit selbst unabhängig (Abb. 1, Bild 4).

Der Einfluß der Garn- und Gewebedaten auf die zahlenmäßige Höhe der Ausnutzungswerte und die Unterschiede, die sich dabei zwischen Kett- und Schußgarnen ergeben, sind in den Berichtsabschnitten eingehend behandelt. In einer zusammenfassenden Tab. X sind die wesentlichsten der gefundenen Werte für eine gewählte Garnfestigkeit (Sollfestigkeit Ia mech. Kette) zusammengestellt.

Ein Einfluß der angewandten Kettschlichte konnte nicht festgestellt werden, was allerdings, wie erläutert, kein diesbezüglich endgültiges Urteil bedeuten kann.

Einzelversuche sind mit Verwendung von Zwirn als Kettgarn und mit Verwendung von Baumwollgarn mit Leinenschuß (Halbleinen) durchgeführt worden. Die Ausnutzung des Zwirns zeigte vergleichsweise sehr hohe Werte, ebenso die Ausnutzung der im Halbleinengewebe verbliebenen Festigkeit des Leinenschusses. Hier bewirken allerdings die wesentlich geringeren Verarbeitungs- und Bleichverluste des Baumwollgarns im Endeffekt einen Ausgleich der Ausnutzungswerte, bezogen auf die Rohgarnfestigkeit.

Den Webereibetrieben, die sich bereiterklärten, die zahlreichen Gewebe unter der Aufsicht des TWB Bastfaser anzufertigen, wird an dieser Stelle Dank gesagt; ebenso den Mitarbeitern des TWB Bastfaser für die mühevolle Versuchs-, Untersuchungs- und Auswertungsarbeit.

Bielefeld, den 31. Oktober 1952

gez. Dipl.-Ing. W. R O H S

FORSCHUNGSBERICHTE
DES WIRTSCHAFTS- UND VERKEHRSMINISTERIUMS
NORDRHEIN-WESTFALEN

Herausgegeben von Ministerialdirektor Prof. Leo Brandt

Heft 1:
Prof. Dr.-Ing. Eugen Flegler, Aachen,
Untersuchungen oxydischer Ferromagnet-Werkstoffe

Heft 2:
Prof. Dr. phil. Walter Fuchs, Aachen,
Untersuchungen über absatzfreie Teeröle

Heft 3:
Techn.-Wissenschaftl. Büro für die Bastfaserindustrie, Bielefeld,
Untersuchungsarbeiten zur Verbesserung des Leinenwebstuhls

Heft 4:
Prof. Dr. E. A. Müller u. Dipl.-Ing. H. Spitzer, Dortmund,
Untersuchungen über die Hitzebelastung in Hüttenbetrieben

Heft 5:
Dipl.-Ing. Werner Fister, Aachen,
Prüfstand der Turbinenuntersuchungen

Heft 6:
Prof. Dr. phil. Walter Fuchs, Aachen,
Untersuchungen über die Zusammensetzung und Verwendbarkeit von Schwelteerfraktionen

Heft 7:
Prof. Dr. phil. Walter Fuchs, Aachen,
Untersuchungen über emsländisches Petrolatum

Heft 8:
Maria Elisabeth Meffert und Heinz Stratmann, Essen
Algen-Großkulturen im Sommer 1951

Heft 9:
Techn.-Wissenschaftl. Büro für die Bastfaserindustrie, Bielefeld,
Untersuchungen über die zweckmäßige Wicklungsart von Leinengarnkreuzspulen unter Berücksichtigung der Anwendung hoher Geschwindigkeiten des Garnes
Vorversuche für Zetteln und Schären von Leinengarnen auf Hochleistungsmaschinen

Heft 10:
Prof. Dr. Wilhelm Vogel, Köln,
„Das Streifenpaar" als neues System zur mechanischen Vergrößerung kleiner Verschiebungen und seine technischen Anwendungsmöglichkeiten

Heft 11:
Laboratorium für Werkzeugmaschinen und Betriebslehre, Technische Hochschule Aachen,
1. Untersuchungen über Metallbearbeitung im Fräsvorgang mit Hartmetallwerkzeugen und negativem Spanwinkel
2. Weiterentwicklung des Schleifverfahrens für die Herstellung von Präzisionswerkstücken unter Vermeidung hoher Temperaturen
3. Untersuchung von Oberflächenveredlungsverfahren zur Steigerung der Belastbarkeit hochbeanspruchter Bauteile

Heft 12:
Elektrowärme-Institut, Langenberg (Rhld.),
Induktive Erwärmung mit Netzfrequenz

Heft 13:
Techn.-Wissenschaftl. Büro für die Bastfaserindustrie, Bielefeld,
Das Naßspinnen von Bastfasergarnen mit chemischen Zusätzen zum Spinnbad

Heft 14:
Forschungsstelle für Acetylen, Dortmund,
Untersuchungen über Aceton als Lösungsmittel für Acetylen

Heft 15:
Wäschereiforschung Krefeld,
Trocknen von Wäschestoffen

Heft 16:
Max-Planck-Institut für Kohlenforschung, Mülheim a. d. Ruhr,
Arbeiten des MPI für Kohlenforschung

Heft 17:
Ingenieurbüro Herbert Stein, M. Gladbach,
Untersuchung der Verzugsvorgänge in den Streckwerken verschiedener Spinnereimaschinen. 1. Bericht: Vergleichende Prüfung mit verschiedenen Dickenmeßgeräten

Heft 18:
Wäschereiforschung Krefeld,
Grundlagen zur Erfassung der chemischen Schädigung beim Waschen

Heft 19:
Techn.-Wissenschaftl. Büro für die Bastfaserindustrie, Bielefeld,
Die Auswirkung des Schlichtens von Leinengarnketten auf den Verarbeitungswirkungsgrad, sowie die Festigkeits- und Dehnungsverhältnisse der Garne und Gewebe

Heft 20:
Techn.-Wissenschaftl. Büro für die Bastfaserindustrie, Bielefeld,
Trocknung von Leinengarnen I
Vorgang und Einwirkung auf die Garnqualität

Heft 21:
Techn.-Wissenschaftl. Büro für die Bastfaserindustrie, Bielefeld,
Trocknung von Leinengarnen II
Spulenanordnung und Luftführung beim Trocknen von Kreuzspulen

Heft 22:
Techn.-Wissenschaftl. Büro für die Bastfaserindustrie, Bielefeld,
Die Reparaturanfälligkeit von Webstühlen

Heft 23:
Institut für Starkstromtechnik, Aachen,
Rechnerische und experimentelle Untersuchungen zur Kenntnis der Metadyne als Umformer von konstanter Spannung auf konstanten Strom

Heft 24:
Institut für Starkstromtechnik, Aachen,
Vergleich verschiedener Generator-Metadyne-Schaltungen in bezug auf statisches Verhalten

Heft 25:
Gesellschaft für Kohlentechnik mbH., Dortmund-Eving,
Struktur der Steinkohlen und Steinkohlen-Kokse

Heft 26:
Techn.-Wissenschaftl. Büro für die Bastfaserindustrie, Bielefeld,
Vergleichende Untersuchungen zweier neuzeitlicher Ungleichmäßigkeitsprüfer für Bänder und Garne hinsichtlich ihrer Eignung für die Bastfaserspinnerei

Heft 27:
Prof. Dr. E. Schratz, Münster,
Untersuchungen zur Rentabilität des Arzneipflanzenanbaues
Römische Kamille, Anthemis nobilis L.

Heft 28:
Prof. Dr. E. Schratz, Münster,
Calendula officinalis L.
Studien zur Ernährung, Blütenfüllung und Rentabilität der Drogengewinnung

Heft 29:
Techn.-Wissenschaftl. Büro für die Bastfaserindustrie, Bielefeld,
Die Ausnützung der Leinengarne in Geweben

Heft 30:
Gesellschaft für Kohlentechnik mbH., Dortmund-Eving,
Kombinierte Entaschung und Verschwelung von Steinkohle; Aufarbeitung von Steinkohlenschlämmen zu verkokbarer oder verschwelbarer Kohle

Heft 31:
Dipl.-Ing. Störmann, Essen,
Messung des Leistungsbedarfs von Doppelsteg-Kettenförderern

VERÖFFENTLICHUNGEN DER ARBEITSGEMEINSCHAFT FÜR FORSCHUNG DES LANDES NORDRHEIN-WESTFALEN

Im Auftrage des Ministerpräsidenten Karl Arnold
Herausgegeben von Ministerialdirektor Prof. Leo Brandt

Heft 1:
Prof. Dr.-Ing. Friedrich Seewald, Technische Hochschule Aachen,
Neue Entwicklungen auf dem Gebiete der Antriebsmaschinen
Prof. Dr.-Ing. Friedrich A. F. Schmidt, Technische Hochschule Aachen,
Technischer Stand und Zukunftsaussichten der Verbrennungsmaschinen, insbesondere der Gasturbinen
Dr.-Ing. R. Friedrich, Siemens-Schuckert-Werke A.-G., Mülheimer Werk,
Möglichkeiten und Voraussetzungen der industriellen Verwertung der Gasturbine

Heft 2:
Prof. Dr.-Ing. Wolfgang Riezler, Universität Bonn,
Probleme der Kernphysik
Prof. Dr. phil. Fritz Micheel, Universität Münster,
Isotope als Forschungsmittel in der Chemie und Biochemie

Heft 3:
Prof. Dr. med. Emil Lehnartz, Universität Münster,
Der Chemismus der Muskelmaschine
Prof. Dr. med. Gunther Lehmann, Direktor des Max-Planck-Instituts für Arbeitsphysiologie, Dortmund,
Physiologische Forschung als Voraussetzung der Bestgestaltung der menschlichen Arbeit
Prof. Dr. Heinrich Kraut, Max-Planck-Institut für Arbeitsphysiologie, Dortmund,
Ernährung und Leistungsfähigkeit

Heft 4:
Prof. Dr. Franz Wever, Max-Planck-Institut für Eisenforschung, Düsseldorf,
Aufgaben der Eisenforschung
Prof. Dr.-Ing. Hermann Schenck, Technische Hochschule Aachen,
Entwicklungslinien des deutschen Eisenhüttenwesens
Prof. Dr.-Ing. Max Haas, Techn. Hochschule Aachen,
Wirtschaftliche und technische Bedeutung der Leichtmetalle und ihre Entwicklungsmöglichkeiten

Heft 5:
Prof. Dr. med. Walter Kikuth, Medizinische Akademie Düsseldorf,
Virusforschung
Prof. Dr. Rolf Danneel, Universität Bonn,
Fortschritte der Krebsforschung
Prof. Dr. med. Dr. phil. W. Schulemann, Univ. Bonn,
Wirtschaftliche und organisatorische Gesichtspunkte für die Verbesserung unserer Hochschulforschung

Heft 6:
Prof. Dr. Walter Weizel, Institut für theoretische Physik, Bonn,
Die gegenwärtige Situation der Grundlagenforschung in der Physik
Prof. Dr. Siegfried Strugger, Universität Münster,
Das Duplikantenproblem in der Biologie
Prof. Dr. Rolf Danneel, Universität Bonn,
Über das Verhalten der Mitochondrien bei der Mitose der Mesenchymzellen des Hühner-Embryos
Direktor Dr. Fritz Gummert, Ruhrgas A.-G., Essen,
Überlegungen zu den Faktoren Raum und Zeit im biologischen Geschehen und Möglichkeiten einer Nutzanwendung

Heft 7:

Prof. Dr.-Ing. August Götte, Technische Hochschule Aachen,

Steinkohle als Rohstoff und Energiequelle

Prof. Dr. e. h. Karl Ziegler, Max-Planck-Institut für Kohlenforschung Mülheim a. d. Ruhr,

Über Arbeiten des Max-Planck-Instituts für Kohlenforschung

Heft 8:

Prof. Dr.-Ing. Wilhelm Fucks, Technische Hochschule Aachen,

Die Naturwissenschaft, die Technik und der Mensch

Prof. Dr. sc. pol. Walther Hoffmann, Universität Münster,

Wirtschaftliche und soziologische Probleme des technischen Fortschritts

Heft 9:

Prof. Dr.-Ing. Franz Bollenrath, Technische Hochschule Aachen,

Zur Entwicklung warmfester Werkstoffe

Dr. Heinrich Kaiser, Staatl. Materialprüfungsamt Dortmund,

Stand spektralanalytischer Prüfverfahren und Folgerung für deutsche Verhältnisse

Heft 10:

Prof. Dr. Hans Braun, Universität Bonn,

Möglichkeiten und Grenzen der Resistenzzüchtung

Prof. Dr.-Ing. Carl Heinrich Dencker, Universität Bonn,

Der Weg der Landwirtschaft von der Energieautarkie zur Fremdenergie

Heft 11:

Prof. Dr.-Ing. Herwart Opitz, Technische Hochschule Aachen,

Entwicklungslinien der Fertigungstechnik in der Metallbearbeitung

Prof. Dr.-Ing. Karl Krekeler, Technische Hochschule Aachen,

Stand und Aussichten der schweißtechnischen Fertigungsverfahren

Heft: 12

Dr. Hermann Rathert, Mitglied des Vorstandes der Vereinigten Glanzstoff-Fabriken A.-G., Wuppertal-Elberfeld,

Entwicklung auf dem Gebiet der Chemiefaser-Herstellung

Prof. Dr. Wilhelm Weltzien, Direktor der Textilforschungsanstalt Krefeld,

Rohstoff und Veredlung in der Textilwirtschaft

Heft: 13

Dr.-Ing. e. h. Karl Herz, Chefingenieur im Bundesministerium für das Post- und Fernmeldewesen Frankfurt a. Main,

Die technischen Entwicklungstendenzen im elektrischen Nachrichtenwesen

Ministerialdirektor Dipl.-Ing. Leo Brandt, Düsseldorf,

Navigation und Luftsicherung

Heft 14:

Prof. Dr. Burckhardt Helferich, Universität Bonn,

Stand der Enzymchemie und ihre Bedeutung

Prof. Dr. med. Hugo W. Knipping, Direktor der Med. Universitätsklinik Köln,

Ausschnitt aus der klinischen Carcinomforschung am Beispiel des Lungenkrebses

Heft 15:

Prof. Dr. Abraham Esau, Technische Hochschule Aachen,

Die Bedeutung von Wellenimpulsverfahren in Technik und Natur

Prof. Dr.-Ing. Eugen Flegler, Technische Hochschule Aachen,

Die ferromagnetischen Werkstoffe in der Elektrotechnik und ihre neueste Entwicklung

Heft 16:

Prof. Dr. rer. pol. Rudolf Seyffert, Universität Köln,

Die Problematik der Distribution

Prof. Dr. rer. pol. Theodor Beste, Universität Köln,

Der Leistungslohn

Heft 17:

Prof. Dr.-Ing. Friedrich Seewald, Technische Hochschule Aachen,

Die Flugtechnik und ihre Bedeutung für den allgemeinen technischen Fortschritt

Prof. Dr.-Ing. Edouard Houdremont, Essen,

Art und Organisation der Forschung in einem Industriekonzern

Heft 18:
Prof. Dr. med. Dr. phil. W. Schulemann, Universität Bonn,
Theorie und Praxis pharmakologischer Forschung
Prof. Dr. Wilhelm Groth, Direktor des Physikalisch-Chemischen Instituts, Universität Bonn,
Technische Verfahren zur Isotopentrennung

Heft 19:
Dipl.-Ing. Kurt Traenckner, Stellvertr. Vorstandsmitglied der Ruhrgas-A.G., Essen,
Entwicklungstendenzen der Gaserzeugung

Heft 21:
Prof. Dr. phil. Robert Schwarz, Aachen,
Wesen und Bedeutung der Silicium-Chemie
Prof. Dr. Kurt Alder, Universität Köln,
Fortschritte in der Synthese von Kohlenstoffverbindungen

Heft 21 a
Jahresfeier der Arbeitsgemeinschaft für Forschung des Landes Nordrhein-Westfalen am 21. 5. 1952 in Düsseldorf mit Ansprachen des Herrn Bundespräsidenten Professor Dr. Theodor Heuss, des Herrn Ministerpräsidenten Arnold, Frau Kultusminister Teusch, der Herren Professor Dr. Hahn, Professor Dr. Strugger, Vizepräsident Dobbert, Professor Dr. Richter, Professor Dr. Fucks.

Heft 22:
Prof. Dr. Johannes von Allesch, Universität Göttingen,
Die Bedeutung der Psychologie im öffentlichen Leben
Prof. Dr. med. Otto Graf, Max-Planck-Institut für Arbeitsphysiologie, Dortmund,
Triebfedern menschlicher Leistung

Heft 23:
Prof. Dr. phil. Dr. jur. h. c. Bruno Kuske, Universität Köln,
Probleme der Raumforschung
Prof. Dr. Dr.-Ing. e. h. Prager,
Städtebau und Landesplanung

Heft 23 a:
M. Zvegintzov, Wissenschaftliche Forschung und die Auswertung ihrer Ergebnisse. Ziel und Tätigkeit der National Research Development Corporation
Dr. Alexander King, Department of Scientific & Industrial Research, London,
Wissenschaft und internationale Beziehungen

Heft 24:
Prof. Dr. Rolf Danneel, Universität Bonn,
Über die Wirkungsweise der Erbfaktoren
Prof. Dr. K. Herzog, Medizinische Akademie Düsseldorf,
Bewegungsbedarf der menschlichen Gliedmaßengelenke bei der Berufsarbeit

Heft 25:
Prof. Dr. O. Haxel, Heidelberg,
Energiegewinnung aus Kernprozessen
Dr. Dr. Max Wolf, Düsseldorf,
Gegenwartsprobleme der energiewirtschaftlichen Forschung

Heft 26:
Prof. Dr. Friedrich Becker, Universität Bonn,
Ultrakurzwellen aus dem Weltraum, ein neues Forschungsgebiet der Astronomie
Dozent Dr. H. Straßl, Bonn,
Bemerkenswerte Doppelsterne und das Problem der Sternentwicklung

Heft 27:
Prof. Dr. Heinrich Behnke, Universität Münster,
Der Strukturwandel der Mathematik in der ersten Hälfte des 20. Jahrhunderts
Prof. Dr. E. Sperner, Bonn,
Eine mathematische Analyse der Luftdruckverteilungen in großen Gebieten

Heft 28:
Prof. Dr. O. Niemczyk, Aachen,
Die Problematik gebirgsmechanischer Vorgänge im Steinkohlenbergbau
Prof. Dr. W. Ahrens, Krefeld,
Die Bedeutung geologischer Forschung für die Wirtschaft, besonders in Nordrhein-Westfalen

Heft 29:
Prof. Dr. B. Rensch, Münster,
Das Problem der Residuen bei Lernleistungen
Prof. Dr. H. Fink, Köln,
Über Leberschäden bei der Bestimmung des biologischen Wertes verschiedener Eiweiße von Mikroorganismen

Heft 30:
Prof. Dr.-Ing. F. Seewald, Aachen,
Forschungen auf dem Gebiete der Aerodynamik
Prof. Dr.-Ing. K. Leist, Aachen,
Forschungen in der Gasturbinentechnik

Geisteswissenschaften

Heft 1:
Prof. Dr. W. Richter, Bonn,
Die Bedeutung der Geisteswissenschaften für die Bildung unserer Zeit
Prof. Dr. J. Ritter, Münster,
Die aristotelische Lehre vom Ursprung und Sinn der Theorie

Heft 2:
Prof. Dr. J. Kroll, Köln,
Elysium
Prof. Dr. G. Jachmann, Köln,
Die vierte Ekloge Vergils

Heft 3:
Prof. Dr. H. E. Stier, Münster,
Die klassische Demokratie

Heft 4:
Prof. Dr. W. Caskel, Köln,
Lihjan und Lihjanisch. Sprache und Kultur eines früharabischen Königreiches

Heft 5:
Prof. Dr. Th. Ohm, Münster,
Stammesreligionen im südlichen Tanganyika-Territorium. — Religionswissenschaftliche Ergebnisse meiner Ostafrikareise 1951

Heft 6:
Prälat Prof. Dr. G. Schreiber, Münster,
Deutsche Wissenschaftspolitik von Bismarck bis zum Atomphysiker Otto Hahn

Heft 7:
Prof. Dr. W. Holtzmann, Bonn,
Das mittelalterliche Imperium und die werdenden Nationen

Heft 8:
Prof. Dr. W. Caskel, Köln,
Die Bedeutung der Beduinen in der Geschichte der Araber

Heft 9:
Prälat Prof. Dr. G. Schreiber, Münster,
Iroschottische und angelsächsische Kultureinflüsse im Mittelalter

Heft 10:
Prof. Dr. P. Rassow, Köln,
Forschungen zur Reichsidee im 16. und 17. Jahrhundert

Heft 11:
Prof. Dr. H. E. Stier, Münster,
Roms Aufstieg zur Weltherrschaft

Heft 12:
Prof. D. K. H. Rengstorf, Münster,
Zum Problem der Gleichberechtigung zwischen Mann und Frau auf dem Boden des Urchristentums
Prof. Dr. H. Conrad, Bonn,
Grundprobleme einer Reform des Familienrechts

Heft 13:
Professor Dr. Max Braubach, Bonn,
Der Weg zum 20. Juli 1944 — Ein Forschungsbericht

If you have any concerns about our products,
you can contact us on
ProductSafety@springernature.com

In case Publisher is established outside the EU,
the EU authorized representative is:
Springer Nature Customer Service Center GmbH
Europaplatz 3, 69115 Heidelberg, Germany

Printed by Libri Plureos GmbH
in Hamburg, Germany